Gotte Vikram Raju
Ebha Koley

Esquema de proteção baseado em mineração de dados para linha de transmissão com STATCOM

Gotte Vikram Raju
Ebha Koley

Esquema de proteção baseado em mineração de dados para linha de transmissão com STATCOM

Uma abordagem para o relé digital em linhas de transmissão com compensação shunt

Imprint

Any brand names and product names mentioned in this book are subject to trademark, brand or patent protection and are trademarks or registered trademarks of their respective holders. The use of brand names, product names, common names, trade names, product descriptions etc. even without a particular marking in this work is in no way to be construed to mean that such names may be regarded as unrestricted in respect of trademark and brand protection legislation and could thus be used by anyone.

Cover image: www.ingimage.com

This book is a translation from the original published under ISBN 978-613-3-99005-0.

Publisher:
Sciencia Scripts
is a trademark of
Dodo Books Indian Ocean Ltd. and OmniScriptum S.R.L publishing group

120 High Road, East Finchley, London, N2 9ED, United Kingdom
Str. Armeneasca 28/1, office 1, Chisinau MD-2012, Republic of Moldova, Europe
Printed at: see last page
ISBN: 978-620-8-07003-8

ÍNDICE

PREFÁCIO

As linhas de transporte são o componente mais importante do mecanismo global de fornecimento da energia eléctrica produzida na central eléctrica aos centros de carga. O funcionamento fiável e seguro de qualquer sistema de transporte exige a deteção, classificação e localização precoces das falhas, de modo a permitir o seu isolamento o mais cedo possível e, assim, minimizar os custos e a mão de obra.

O presente trabalho propõe um esquema de proteção simples e inteligente baseado na extração de dados para um sistema de transmissão trifásico que incorpora o STATCOM no meio da linha. Este trabalho de investigação tem como objetivo desenvolver um esquema de proteção que ofereça uma solução completa (deteção, classificação, identificação de secções e localização de defeitos) para o problema da proteção de uma linha trifásica com o STATCOM contra todos os tipos de defeitos shunt. As técnicas de compensação baseadas em FACTS ligadas em derivação ganharam muita importância nos sistemas de transmissão devido à sua capacidade de melhorar a estabilidade e o desempenho da fiabilidade do sistema de energia. Entre os dispositivos FACTS, um dos dispositivos de compensação em derivação, o STATCOM, está a adquirir maior importância no sistema de transmissão porque tem a capacidade de controlar a tensão dinâmica, a tremulação da tensão, o fluxo de potência reactiva e mesmo o fluxo de potência ativa, se necessário, melhora a estabilidade transitória e reduz o amortecimento das oscilações de potência nos sistemas de transmissão, melhorando assim o desempenho do sistema de energia.

No entanto, os esquemas convencionais de proteção à distância baseados na impedância para linhas de transporte compensadas por um STATCOM shunt são imprecisos na deteção, classificação e localização de defeitos shunt devido à natureza súbita das tensões e correntes do sistema durante os transientes de defeito.

A este respeito, o trabalho proposto trata do esquema de proteção baseado na prospeção de dados, que é simples e inteligente, eliminando os cálculos complexos e agitados relacionados com as tarefas de proteção convencionais. Desenvolve-se um detetor e classificador de defeitos baseado na extração de dados, um identificador de secções defeituosas e um estimador da localização do defeito para as linhas de transmissão trifásicas de 500 kV, 60 Hz, com um STATCOM ligado no meio de uma das linhas e duas fontes trifásicas ligadas nas extremidades emissora e recetora das linhas. O modelo do sistema de energia em estudo e o esquema de proteção proposto são modelados e desenvolvidos na plataforma MATLAB/ SIMULINK. O algoritmo da árvore de decisão é escolhido para tarefas de proteção porque tem uma velocidade de treino elevada mesmo com grandes dados de treino e atinge uma maior precisão com um desempenho robusto.

Para avaliar o desempenho do sistema de proteção proposto, simula-se um grande número de diferentes tipos de defeitos de derivação em cada secção da linha, em diferentes locais, com diferentes resistências de defeito e ângulos de início de defeito. A partir dos resultados dos ensaios, verificou-se que o sistema de proteção proposto detecta e classifica com precisão todos os tipos de defeitos de derivação, identifica corretamente a secção em falta e fornece uma boa estimativa da localização real do defeito. Além disso, o desempenho também foi avaliado em função das variações dos parâmetros de defeito, nomeadamente a variação da resistência do defeito, a variação da localização do defeito e a variação do ângulo de início do defeito, o que atesta o desempenho tolerante/imune do sistema de proteção proposto. Assim, a técnica de proteção baseada na extração de dados proposta detecta e classifica com precisão os defeitos de derivação, identifica a secção do defeito e localiza o local do defeito com uma estimativa convincente.

Agradecimentos

Os autores gostariam de agradecer ao departamento de engenharia eléctrica do NIT Raipur por ter disponibilizado as instalações necessárias para a realização do trabalho.

LISTA DE ABREVIATURAS

LG	Single Line to Ground
LLG	Double Line to Ground
LL	Double Line
LLL	Triple Line
FACTS	Flexible Alternating Current Transmission System
STATCOM	Static Synchronous Compensator
GTO	Gate Turn off Thyristor
FIS	Fuzzy Inference System
ANN	Artificial Neural Network
LM	Levenberg-Marquardt
SVM	Support Vector Machine
DFT	Discrete Fourier Transform
DWT	Discrete Wavelet Transform
DST	Discrete S Transform
DT	Decision Tree

CAPÍTULO 1

INTRODUÇÃO

1.1 Introdução

Um sistema de energia eléctrica é uma rede complexa devido ao grande número de interconexões. Consiste em sistemas de produção, transmissão, sub-transmissão e distribuição. Como as centrais de produção estão situadas longe dos centros de carga, é necessário transmitir a energia produzida nas centrais de produção para os centros de carga. Para transmitir grandes blocos de energia eléctrica de uma central de produção remota para os centros de carga, são utilizadas linhas de transporte [1]. Como as linhas de transmissão estão espalhadas por grandes áreas geográficas, e estão bastante expostas a condições climatéricas e meteorológicas hostis. Assim, a possibilidade de ocorrência de perturbações ou falhas nas linhas de transporte é muito maior em comparação com outros equipamentos do sistema elétrico. No entanto, para garantir a máxima utilização do investimento envolvido no estabelecimento do sistema de energia e para assegurar que os utilizadores possam usufruir de um serviço fiável, o sistema deve funcionar continuamente sem qualquer falha ou avaria importante. Isto pode ser conseguido através da implementação de um mecanismo que preveja qualquer possível falha que resulte em danos permanentes ou numa paragem prolongada do sistema. A ideia básica é minimizar o efeito das falhas e manter a distribuição normal de energia nas áreas não afectadas. São utilizados equipamentos para detetar essas perturbações ou falhas (normalmente designadas por defeitos) em diferentes secções do sistema de transmissão e isolar as secções afectadas, de modo a que o efeito global seja localizado numa área limitada. Estes equipamentos são normalmente designados por relés de proteção e os sistemas que utilizam estes equipamentos são designados por "sistema de proteção". Um relé de proteção orienta o disjuntor para separar a parte defeituosa do sistema, mantendo o resto do sistema saudável em funcionamento e, por conseguinte, protege o sistema de danos adicionais devidos ao defeito. Assim, a utilização de relés de proteção é esséncial na proteção das linhas de transporte, que devem transmitir energia com o mínimo de interrupções e de tempo de restabelecimento para evitar danos em todo o sistema. A conceção de um sistema de proteção adequado requer a análise detalhada de vários tipos de defeitos. Os diferentes tipos de defeitos em linhas de transporte trifásicas, bem como a sua gravidade e ocorrência, são analisados na subsecção seguinte.

1.2 Falhas nas linhas de transmissão

Nas linhas de transporte, a probabilidade de falha ou ocorrência de condições anormais é maior devido a tempestades, queda de objectos externos, danos nos isoladores, etc., em comparação com outros componentes do sistema de energia. Estas falhas que causam interrupções no fornecimento de energia são conhecidas como defeitos. Os defeitos são classificados em duas categorias: defeitos "shunt" e defeitos "série". Os defeitos shunt são defeitos de curto-circuito, que ocorrem quando a corrente de defeito flui de um condutor de fase para outro (fase a fase), ou de um condutor de fase para a terra (fase a terra) à frequência do sistema elétrico associado. Os defeitos de derivação ocorrem principalmente devido à falha do isolamento ou a sobretensões. O isolamento pode falhar devido a tensões que ultrapassam a sua capacidade de resistência, ao envelhecimento, à temperatura, à chuva, à queda de neve, à poluição química ou a objectos estranhos. Por outro lado, as sobretensões podem ser internas devido a comutação ou externas devido a relâmpagos. Os defeitos em derivação são ainda classificados em dois grupos, nomeadamente os defeitos "fase(s) para a terra" e "fase(s) para fase".

Durante os defeitos de derivação, a corrente de defeito excessivamente elevada que flui através do sistema e a redução substancial da tensão da linha resultam numa alteração abrupta do sistema. Por conseguinte, o defeito de derivação deve ser eliminado o mais rapidamente possível; caso contrário, causará danos substanciais no sistema e perigo para o pessoal operacional e também para a estabilidade dos sistemas.

Os defeitos em série são defeitos de condutor aberto. Quando uma ou mais de uma fase de um sistema equilibrado abre, cria-se um desequilíbrio e fluem correntes assimétricas. Estes desequilíbrios podem ser causados por rupturas de condutores devido a acidentes, tempestades, etc. Durante os defeitos de condutor aberto, o condutor afetado entra em série com as linhas, pelo que são conhecidos como defeitos em série. Estas causam um grave perigo para a segurança pública, bem como um risco de ignição de incêndios por arco elétrico.

O número de classes possíveis de defeitos shunt numa linha de transmissão trifásica é cinco (ou seja, 1LG, 2LG, 3LG, 2L e 3L) [2]. Do mesmo modo, as classes possíveis de defeitos em série para linhas trifásicas de circuito único são duas (ou seja, um condutor aberto e dois condutores abertos). Além disso, considerando todas as combinações possíveis para diferentes classes de defeitos envolvendo todos os condutores na linha de transmissão trifásica de circuito simples e de circuito duplo, o total de defeitos shunt é de 22 e 11, respetivamente, e o total de defeitos série é de 12 e 6, respetivamente. A descrição pormenorizada das combinações de defeitos shunt em linhas de transmissão trifásicas de circuito simples e duplo é apresentada na Tabela 1.1.

Tabela 1.1 Várias combinações de defeitos shunt numa linha de transmissão trifásica

Tipo de falha	N.º total de combinações de defeitos numa linha trifásica de circuito simples	N.º total de combinações de defeitos numa linha trifásica de circuito duplo

Falhas de fase(s) para terra		
Monofásico à terra (LG)	3	6
Dupla fase à terra (LLG)	3	6
Trifásico à terra (LLLG)	1	2
Total	7	14
Falhas fase a fase		
Duas fases (2L)	3	6
Trifásico (3L)	1	2
Total	4	8

1.3 Esquema de proteção convencional para linhas de transmissão

1.3.1 Relés de sobreintensidade e direcionais

Convencionalmente, são utilizados esquemas de proteção contra sobreintensidades e distâncias para a proteção das linhas de transmissão. A proteção contra sobreintensidades baseia-se na magnitude do sinal de corrente, que é uma função do tipo de defeito e da impedância da fonte. A impedância da fonte baseia-se no número de unidades geradoras em serviço, que pode mudar de tempos a tempos. Assim, o alcance e o tempo de funcionamento do relé de sobreintensidade variam consoante o defeito e o tempo. Uma outra caraterística direcional que é baseada na direção do fluxo de energia foi adicionada em conjunto com os relés de sobrecorrente. Os relés direcionais são utilizados para identificar a secção/zona com defeito a partir da secção/zona saudável para manter o fornecimento ininterrupto de energia. Além dos relés de sobrecorrente e dos relés direcionais, os relés de distância também são utilizados para a proteção das linhas de transmissão.

1.3.2 Proteção à distância

O funcionamento do relé de distância baseia-se principalmente na medição da impedância, ou seja, a relação entre a tensão e a corrente na frequência fundamental que está a ser medida no ponto de relé. A impedância reflecte a distância entre o local do defeito e o local do relé. Para além do relé de distância de impedância, existem várias caraterísticas do relé de distância, nomeadamente Mho, offset mho, reactância e quadrilátero. Para um ajuste pré-determinado em termos de impedância/ reatância/mho/ quadrilátero, assume-se que um defeito ocorre se o valor medido estiver dentro da zona de operação do relé. A configuração clássica dos relés de distância pode ser complementada com outras funcionalidades através da combinação de diferentes tipos de medição.

A procura de energia eléctrica é cada vez maior, duplicando, regra geral, de 10 em 10 anos. Para satisfazer esta procura crescente, é necessário aumentar a capacidade de transferência de energia das linhas de transporte existentes. O crescimento das cargas está a ser satisfeito através da construção de linhas de transporte, que funcionam a níveis de tensão MAT e/ou MAT. A outra alternativa para aumentar a capacidade de transferência de energia é a transmissão HVDC. Normalmente, num sistema HVDC, a tensão CA é rectificada e uma linha de transmissão CC transmite a energia. Um inversor, localizado na extremidade da linha de transmissão CC, converte a tensão CC em CA. Assim, as estações de conversão são obrigatórias tanto na extremidade emissora como na extremidade recetora da linha. O principal inconveniente da transmissão HVDC é a enorme necessidade de capital para a instalação e manutenção. Devido a problemas de aquisição de direitos de passagem, infra-estruturas e questões ambientais, os controladores FACTs são utilizados para aumentar a capacidade utilizável e os limites de estabilidade das linhas de transmissão. As outras vantagens, como o controlo da tensão, da corrente, da impedância, do fluxo de potência ativa e reactiva e a correção do fator de potência, tornaram os dispositivos FACTS populares para serem incorporados nos sistemas de transmissão.

1.4 Dispositivos FACTS

Nos últimos anos, a capacidade de transferência de energia e os limites de estabilidade da linha de transmissão foram melhorados pela ampla utilização de dispositivos FACTs. Estes dispositivos têm sido capazes de resolver eficazmente muitos problemas ao nível da transmissão. Os dispositivos FACTs são amplamente classificados em três grupos:

(i) Derivação

(ii)Séric

(iii) Combinação de derivação e série

As principais funções dos dispositivos FACTs podem ser resumidas da seguinte forma [3-4]

(i)   Aumentar a capacidade de transferência de energia

(ii)   Aumentar as margens de estabilidade

(iii)   Aumentar o amortecimento das oscilações do sistema elétrico

(iv)   Melhorar o desempenho das ligações HVDC

(v)   Evitar os problemas relacionados com a ressonância sub-síncrona.

O aumento da capacidade de transferência de potência é conseguido através da manutenção do nível de tensão no ponto médio da linha de transmissão num determinado nível desejado. O dispositivo de compensação shunt mais utilizado na família dos FACTs é descrito na secção seguinte.

Entre os dispositivos FACTS, um dos dispositivos de compensação em derivação, o STATCOM (compensador estático), está a adquirir maior importância no sistema de transmissão. Um STATCOM pode controlar a tensão dinâmica, a tremulação da tensão, o fluxo de potência reactiva e mesmo o fluxo de potência ativa, se necessário, melhora a estabilidade transitória e reduz o amortecimento das oscilações de potência nos sistemas de transmissão, melhorando assim o desempenho do sistema de energia.

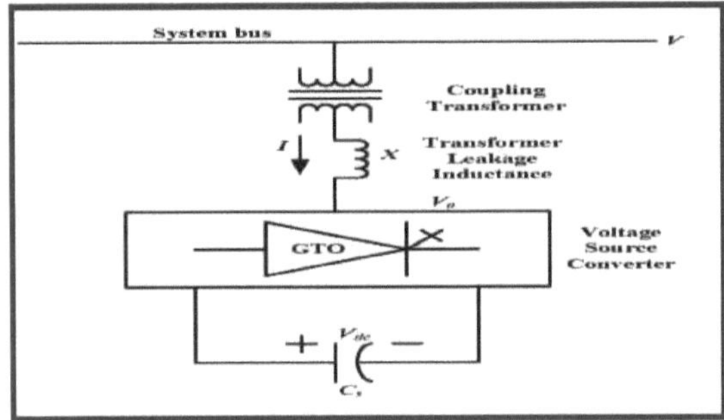

Fig.1.1 STATCOM básico baseado em GTO

O STATCOM é um dos controladores FACTs importantes que se baseiam num conversor de fonte de tensão ou de fonte de corrente. É um dispositivo de compensação de potência reactiva shunt que utiliza os dispositivos semicondutores de potência para o processamento eletrónico da tensão de saída desejada. É um dispositivo conversor de comutação de estado sólido capaz de absorver ou fornecer potência reactiva a um sistema de corrente alternada através do ponto de acoplamento comum. A Fig. 1.1 mostra o diagrama unifilar de um STATCOM básico baseado num tiristor de desligamento de porta (GTO).

1.5 Impacto do STATCOM na proteção da distância da linha de transmissão

Embora o STATCOM ofereça múltiplas vantagens, como a melhoria da estabilidade da tensão, a redução das oscilações de potência e o controlo da potência ativa e reactiva. No entanto, estas vantagens são obtidas à custa da introdução de harmónicos no sistema, o que torna a tarefa de proteção um desafio. As questões básicas que surgem do ponto de vista da proteção quando os STATCOM são introduzidos no sistema de transmissão são [5-10]:

- Caraterísticas de alteração rápida da impedância da linha, dos ângulos de fluxo de potência e das correntes de carga.

- Transientes gerados a partir do início do defeito e ação de controlo associada.

- Atraso na resposta do esquema de proteção convencional devido à sobreposição do tempo de

10

resposta dos controladores com o tempo de funcionamento do relé.

1.6 Desempenho do relé durante o defeito na presença do STATCOM na linha

Com a integração do STATCOM na linha de transmissão, o relé de distância convencional funciona mal durante as falhas devido aos erros introduzidos na medição da impedância.

- Precisão do alcance: A precisão do alcance do sistema de proteção à distância é afetada no momento do defeito. O relé pode ter um alcance inferior ou superior, o que pode resultar em falsos disparos de disjuntores, dependendo do facto de o STATCOM estar a fornecer potência reactiva (a impedância aparente vista pelo relé aumenta) ou a absorver potência reactiva (a impedância aparente vista pelo relé diminui) durante o defeito, respetivamente.

- Velocidade: o locus móvel da impedância vista pelos relés de distância pode causar um atraso significativo no tempo de operação do relé. O tempo de operação do relé pode ser afetado pelo comportamento transitório da compensação de derivação que pode causar problemas de estabilidade do sistema.

- Seleção de fase e direccionalidade: O relé de distância pode indicar a fase não avariada como fase avariada e a direção errada da avaria durante certas avarias, causando problemas de segurança.

- Localização do defeito: A presença do STATCOM na linha pode influenciar a estimativa da localização do defeito devido a um erro na medição da impedância. Os defeitos nos extremos da linha também podem afetar o critério de proteção à distância.

Por conseguinte, com a inclusão de dispositivos FACTS no sistema, os esquemas de proteção convencionais funcionam frequentemente mal, o que pode levar ao apagão de todo o sistema.

1.7 Pesquisa bibliográfica

No entanto, foram publicados vários trabalhos sobre a proteção de linhas de transporte que incorporam o STATCOM. Estes trabalhos concentraram-se na análise de diferentes tipos de defeitos, no impacto do STATCOM no esquema de proteção e/ou no desenvolvimento de esquemas de proteção para deteção, classificação e localização de defeitos. Os esquemas neste domínio diferem quanto à funcionalidade e à informação (corrente e tensão) utilizada para efetuar a operação. Em [9, 10], o desempenho e a comparação de relés de distância para linhas de transmissão compensadas por FACTS shunt foi discutido e conclui-se que o esquema de proteção de distância não é a escolha preferível para a proteção de linhas compensadas por FACTS shunt ligadas ao ponto médio. Em [11], com base na impedância medida a partir do ponto de retransmissão, o desempenho dos relés de distância e os efeitos do STATCOM com base na sua localização foram discutidos para linhas de transmissão de circuito duplo com STATCOM, mas não se encontrou qualquer solução para os efeitos adversos na proteção à distância. Em [12], foi proposto um novo algoritmo de ajuste adaptativo baseado em medições sincronizadas para o relé de distância mho para proteger a linha de transmissão com o STATCOM ligado ao ponto médio. No entanto, os esquemas convencionais de proteção da distância mencionados não são precisos quando o STATCOM é integrado em sistemas de transmissão. Assim, é necessário um novo esquema de proteção que seja simples, inteligente e eficiente para a proteção das linhas de transmissão que funcionam com o STATCOM.

Muitas aplicações bem sucedidas de técnicas de extração de dados, como a lógica difusa, a RNA e a árvore de decisão, são amplamente utilizadas na proteção de linhas de transporte. Esta secção apresenta uma revisão da literatura sobre o desenvolvimento e a aplicação de várias técnicas de extração de dados na proteção de linhas de transporte [13-36]. Um esquema de proteção digital à distância baseado num algoritmo de lógica difusa que utiliza três correntes de linha para a classificação de diferentes defeitos em linhas de transporte foi discutido em [13]. Em [14] é apresentado um esquema de proteção baseado na lógica difusa wavelet que utiliza sinais de corrente para encontrar a localização estimada do defeito. Uma técnica de proteção baseada na lógica difusa wavelet que utiliza correntes de linha para classificar defeitos foi apresentada em [15]. Em [16] é apresentado um esquema de proteção baseado em fuzzy-neuro que utiliza correntes de linha para a deteção e classificação de defeitos. Em [17] é apresentada uma técnica de proteção direcional para a classificação e estimativa da localização de defeitos de derivação utilizando sistemas de inferência difusa. Um esquema de proteção baseado em redes neuronais artificiais para classificação, deteção e identificação de zonas de defeito utilizando a transformada wavelet foi apresentado em [18]. Em [19] é apresentado um esquema de proteção baseado em redes neurais discretas para linhas de transmissão paralelas, em que são concebidos quatro classificadores ANN diferentes para deteção e classificação de defeitos, identificação de secções defeituosas e estimativa da localização de defeitos. Em [20], foi proposto um esquema de proteção direcional ANN baseado na transformada de ondaleta contínua para linhas de transmissão de circuito duplo para identificação e localização de secções com defeito. Em [21], foi proposta uma rede neural baseada numa função de base radial para a proteção de uma linha de transporte para classificação e localização de defeitos. Em [22], foi proposto um algoritmo de deteção/classificação e localização de defeitos baseado em RNA para defeitos fase-fase em linhas de transmissão de circuito duplo. O conceito modular do esquema de proteção baseado em RNA para a proteção de linhas de transmissão de seis fases foi implementado em [23, 24]. Um esquema de proteção de classificação de defeitos baseado na metodologia de árvore de decisão para linhas de transmissão de circuito simples e duplo foi relatado em [25, 26]. O esquema de proteção baseado em árvores de decisão para identificar a secção/zona com defeito e classificar os defeitos em sistemas de transmissão baseados em FACTS (TCSC e UPFC) foi discutido em [27]. A proteção de linhas de transmissão baseadas em FACTS (TCSC e UPFC) utilizando um conjunto de árvores de decisão (florestas aleatórias) para identificação de secções com defeito foi proposta em [28]. Um esquema inteligente de proteção diferencial baseado em árvores de decisão para a linha de transmissão que incorpora UPFC e parques eólicos foi apresentado em [29]. Em [30], foram implementados algoritmos de árvore de decisão para a deteção de defeitos em microrredes que consistem em geradores distribuídos baseados em inversores isolados. Em [31], a estimativa da localização de defeitos em linhas de transmissão de circuito duplo foi avaliada utilizando um modelo de regressão de árvore de decisão.

No entanto, os esquemas de proteção baseados em computação suave acima mencionados apresentam a proteção de linhas de transporte sem a presença do STATCOM na linha. Foram comunicados alguns trabalhos sobre a proteção de linhas de transporte com a presença de um STATCOM na linha. Em [32,33], utilizou-se uma técnica de soma cumulativa média para a deteção e a energia das componentes de frequência da corrente de defeito obtida por uma abordagem de filtragem rápida de frequências pela transformada S (FFST) para a classificação de defeitos. Um esquema de proteção diferencial cruzada e de impedância baseado nas energias espectrais dos sinais de corrente para uma transmissão em paralelo com o STATCOM foi relatado em [34]. Em [35], a deteção de defeitos foi avaliada utilizando o conteúdo energético nas componentes de frequência significativas do sinal de corrente, ou seja, extraído através de uma nova transformada rápida discreta S em tempo real para a proteção diferencial cruzada do sistema de transmissão com o STATCOM na linha. Em [36], foi proposto um algoritmo de localização de defeitos para as linhas de transporte que funcionam com o STATCOM, que utiliza a técnica de otimização para o cálculo da localização de defeitos.

1.8 Motivação

Embora existam esquemas convencionais de proteção à distância para linhas de transmissão compensadas por shunt FACTS (STATCOM), todas essas técnicas convencionais de proteção baseadas na impedância não são precisas na deteção e localização das avarias devido às alterações inesperadas na impedância da linha causadas pela natureza súbita e variável dos sinais de tensão e corrente. Existe um grande número de técnicas de proteção baseadas na prospeção de dados para a proteção de linhas de transmissão, mas apenas alguns trabalhos foram relatados para a proteção de linhas de transmissão com a presença do STATCOM na linha. Neste sentido, o trabalho proposto apresenta as técnicas de proteção simples e inteligentes baseadas na extração de dados para a proteção de linhas de transmissão trifásicas com o STATCOM, capazes de detetar e classificar eficazmente os defeitos de derivação, identificar com precisão a secção defeituosa e localizar o defeito.

O objetivo deste projeto é desenvolver esquemas de proteção simples e inteligentes baseados na extração de dados para a proteção de linhas de transmissão trifásicas compensadas por shunt (STATCOM). Este projeto apresenta (i) um detetor/classificador de defeitos baseado na lógica difusa para linhas de transmissão trifásicas de circuito simples com STATCOM, (ii) um detetor/classificador de defeitos baseado na ANN, um identificador de secções defeituosas e um estimador da localização do defeito para linhas de transmissão trifásicas de circuito duplo com STATCOM e ainda (iii) um detetor e classificador de defeitos baseado na árvore de decisão para linhas de transmissão trifásicas de circuito duplo com STATCOM.

1.9 Organização do livro

O livro está organizado em cinco capítulos. Segue-se uma breve discussão de cada capítulo para dar uma visão geral do projeto:

Chapter 1: Este capítulo faz uma breve introdução aos defeitos nas linhas de transporte, aos controladores FACTS e ao STATCOM. Discutem-se os efeitos dos controladores shunt na proteção à distância baseada na impedância das linhas de transporte e o estado atual das técnicas no que respeita à proteção do sistema trifásico com o STATCOM. Foi realizada uma breve pesquisa bibliográfica sobre a aplicação de técnicas de extração de dados para a proteção do sistema trifásico com o STATCOM. Reconhece-se a motivação para o desenvolvimento de um esquema de proteção para o sistema trifásico com o STATCOM. Os objectivos dos trabalhos de investigação são destacados.

Chapter 2: Este capítulo apresenta uma breve introdução a diferentes transformadas discretas (transformadas discretas de Fourier, wavelet discreta e S discreta) que são utilizadas para a extração de caraterísticas e o desenvolvimento de esquemas de proteção baseados na extração de dados para as linhas de transmissão trifásicas com o STATCOM na linha. Além disso, este capítulo também inclui o desenvolvimento de um detetor e classificador de defeitos baseado na lógica difusa para todos os tipos de defeitos de derivação numa linha de transmissão trifásica de circuito único. Para analisar a exatidão do esquema proposto, foram considerados diferentes defeitos de derivação com parâmetros de defeito variáveis, por exemplo, tipo de defeito, ângulo de início do defeito e localização do defeito.

Chapter 3: O Capítulo 3 centra-se no desenvolvimento de um algoritmo preciso, fiável e rápido baseado em RNA para deteção/classificação, identificação de secções e localização de todos os defeitos de derivação num sistema trifásico de circuito duplo. Os efeitos das variações dos parâmetros de defeito, nomeadamente o tipo de defeito, o ângulo de início do defeito, a resistência do defeito e a localização do defeito, foram amplamente investigados para avaliar o desempenho do esquema de proteção desenvolvido.

Chapter 4: O capítulo 4 apresenta um esquema de proteção baseado numa árvore de decisão para a deteção e classificação de defeitos numa linha de transmissão trifásica de circuito duplo contra todos os tipos de defeitos shunt. O desempenho do esquema proposto é investigado com a variação de vários parâmetros de defeito, tais como o tipo de defeito, a localização do defeito, a resistência ao defeito e o ângulo de incepção do defeito.

Chapter 5: Este capítulo apresenta as conclusões do esquema de proteção proposto para a linha trifásica com o STATCOM e as futuras direcções de investigação.

CAPÍTULO 2

DESENVOLVIMENTO DE UMA TÉCNICA DE PROTECÇÃO BASEADA NA LÓGICA DIFUSA PARA DEFEITOS DE DERIVAÇÃO EM LINHAS DE TRANSMISSÃO TRIFÁSICAS DE CIRCUITO ÚNICO COM STATCOM

2.1 Introdução às técnicas de extração de caraterísticas

As fontes primárias para qualquer extração de caraterísticas para fins de proteção são os dados brutos dos sinais de tensão e de corrente desse sistema específico. Os dados brutos dos sinais de tensão e de corrente podem ser considerados como os dados do domínio do tempo dos sinais. Mas a informação disponível a partir dos dados brutos não é útil/clara para tomar decisões relacionadas com fins de proteção. Assim, é necessária uma análise matemática do sinal em bruto para o transformar numa forma que possa fornecer informações abundantes/úteis sobre o sinal para tomar decisões de proteção do sistema. A análise matemática é efectuada utilizando a função de análise do sinal em bruto. Geralmente, o sinal no domínio do tempo é convertido no domínio da frequência e/ou no domínio tempo-frequência, uma vez que o conteúdo de frequência do sinal é mais fiável para as tarefas de proteção. Há uma variedade de teorias de transformação disponíveis para este processo de conversão; algumas das transformações mais utilizadas na proteção são a transformada de Fourier, a transformada wavelet [37-38] e a transformada S [39-42]. Estas transformadas estão disponíveis tanto em natureza contínua como em natureza discreta. As diferentes caraterísticas que podem ser extraídas do domínio da frequência são a magnitude/ângulo de fase/energia/entropia do sinal transformado. As diferentes técnicas de extração de caraterísticas utilizadas neste projeto são a transformada discreta de Fourier (DFT), a transformada discreta de wavelet (DWT) e a transformada discreta de S (DST).

2.1.1 Transformada discreta de Fourier (DFT)

A DFT é uma das transformações mais simples que converte o sinal no domínio do tempo em sinal no domínio da frequência. A DFT fornece o espetro de frequência a partir do qual a magnitude e a fase de um determinado componente de frequência podem ser calculadas. A função de análise utilizada para a transformação do sinal é uma sequência de sinusóides. A transformada de Fourier discreta $X[k]$, para um sinal de tempo discreto $x(n)$ (em que $n = 0, 1, 2,..., N-1$) constituído por N amostras amostradas com um determinado intervalo de tempo de amostragem de acordo com o teorema de amostragem de Nyquist, é dada pela eq. (2.1)

$$X[k] = \frac{1}{N} \sum_{n=0}^{N-1} x(n)e^{-j2\pi n k/N} \tag{2.1}$$

Em que $k=0$, 1, 2, .. , $N-1$. No entanto, a DFT só pode fornecer a informação de frequência mas não pode fornecer a informação temporal relativa ao momento em que uma determinada componente de frequência está ativa no sinal.

2.1.2 Transformada de Wavelet Discreta (DWT)

A função de análise nas transformadas de wavelets são as wavelets. As onduladas não são mais do que uma forma de onda que pode ser irregular e/ou assimétrica com duração limitada e cujo valor médio deve ser zero. A ondulatória caracteriza-se pela sua natureza oscilatória, decaindo rapidamente para o valor zero e para o valor zero de uma integração da ondulatória. O conceito básico da transformada de ondaletas consiste em comparar o sinal de interesse com a função de análise de ondaletas que é escalada (expandida ou comprimida) e transladada (deslocada) ao longo de todo o comprimento do sinal e produz o grau de semelhança entre o sinal e a função de análise de ondaletas com um conjunto de coeficientes C (a, b) para cada versão de escalada e translação. Uma wavelet pode ser representada pela fórmula apresentada na eq. (2.2).

$$\varphi_{m,n}(t) = \frac{1}{\sqrt{a^m}} \varphi \left(\frac{t - nb}{a^m} \right) \tag{2.2}$$

Onde φ é chamada de wavelet mãe e am representa a dilatação exponencial do tempo e nb representa o deslocamento temporal. Uma grande variedade de wavelets está disponível, tais como Haar, Symlets, Meyer, Daubechies, Morlet, Mexican Hat e Coiflet [37].

A transformada wavelet converte o sinal no domínio do tempo para o domínio da escala de tempo (frequência). A transformada wavelet produz um lote de componentes de frequência em cada nível de decomposição do sinal. A transformada wavelet discreta de um sinal amostrado é dada pela eq. (2.3). [38]

$$DWT(f, m, n) = \frac{1}{\sqrt{a_0^m}} \sum_{k} f(k)\varphi^* \left(\frac{n - ka_0^m}{a_0^m} \right) \tag{2.3}$$

A Fig. 2.1 apresenta um diagrama de blocos simples para ilustrar o processo DWT. Um sinal amostrado "f" com uma frequência de amostragem Fs passa por filtros passa-baixo e passa-alto com frequências de corte iguais a metade da frequência de amostragem Fs . O filtro passa-baixo fornece a informação dos coeficientes aproximados (A) [componente de alta escala e baixa frequência do sinal f] e o filtro passa-alto fornece a informação dos coeficientes detalhados (D) [componente de baixa escala e alta frequência do sinal f]. Os coeficientes obtidos após a primeira decomposição do sinal são designados por coeficientes de nível 1 (denotados por cA1 para os coeficientes aproximados e cD1 para os coeficientes detalhados). O processo de decomposição do sinal pode ser continuado para vários níveis até se atingir a banda desejada de componentes de frequência, em que as frequências de corte dos filtros para cada nível são diminuídas de $Fs/2n$ e os coeficientes aproximados ou detalhados do nível correspondente são designados por cAn ou cDn, respetivamente (n= 1,2,3,..., que representam o nível).

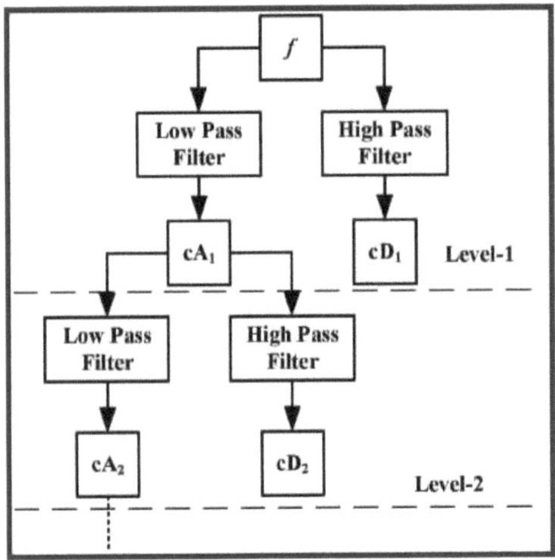

Fig. 2.1 Decomposição do sinal DWT de vários níveis

2.1.2.1 Wavelet de Daubechies

A família das wavelets daubechies é designada por dbN, em que N representa a ordem da wavelet daubechies ou o número de momentos de fuga. Foram descobertas por Ingrid Daubechies e a família de daubechies [37] é apresentada na Fig. 2.2. As wavelets de Daubechies são muito utilizadas na investigação sobre wavelets. São geralmente utilizadas para analisar os transitórios de defeito, uma vez que a forma caraterística das ondaletas de Daubechies se assemelha à forma dos transitórios de defeito. As ondaletas de Daubechies são definidas em termos das funções de escala e de ondaleta resultantes.

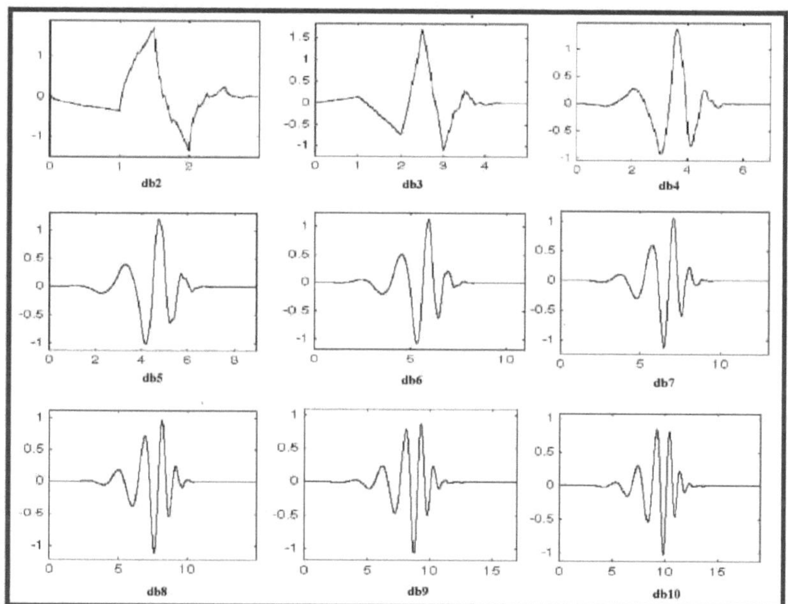

Fig. 2.2 Família de Wavelets de Daubechies

2.1.3 Transformada S discreta (DST)

A DST é uma poderosa técnica de extração de caraterísticas tempo-frequência. Localiza o sinal transformado tanto no domínio do tempo como da frequência com melhor resolução e sem perda de informação de fase das frequências do sinal. Muitas vezes é tratada como uma transformada que tem caraterísticas tanto da transformada wavelet como da transformada de Fourier de tempo curto ou uma versão alargada da transformada wavelet. A DST utiliza uma janela gaussiana de localização móvel e escalável como função de análise. A DST fornece uma resolução dependente da frequência devido à largura variável da função de análise que muda com a frequência. O DST é uma matriz complexa em que as linhas representam componentes de frequência de acordo com a frequência de amostragem e as colunas representam os instantes de tempo dos sinais de tensão ou corrente. O DST é tolerante a ambientes ruidosos e distingue com precisão o sinal real do sinal de ruído.

A transformada S de um sinal de tempo discreto $p[kT]$ de N amostras e com tempo de intervalo de amostragem T onde ($k = 0, 1, 2,..., N-1$) é dada pela eq. (2.4) [40, 41]

$$S\left[\frac{n}{NT}, jT\right] = \sum_{m=0}^{N-1} P\left[\frac{m+n}{NT}\right] G(n,m) e^{i2\pi m j/N} \qquad (2.4)$$

em que $\dfrac{n}{NT}$ ($n=0,1,2,....N/2$ de acordo com o teorema de amostragem de Nyquist) representa a componente de frequência específica e jT ($j=0,1,2,...$ $N-1$) representa os instantes de tempo. $P\left[\dfrac{n}{NT}\right]$ é a transformada discreta de Fourier de $p[kT]$ e $G(n,m)$ representa a função de janela gaussiana para a frequência específica n.

A transformada discreta de Fourier $P\left[\dfrac{n}{NT}\right]$ e a função de janela gaussiana $G(n,m)$ são calculadas como indicado nas eq. (2.5) e eq. (2.6)

$$P\left[\dfrac{n}{NT}\right] = \dfrac{1}{N}\sum_{k=0}^{N-1} p[kT]e^{-i2\pi nk/N} \tag{2.5}$$

$$G(n,m) = e^{-2\pi^2 m^2 \alpha^2/n^2} \tag{2.6}$$

onde $\alpha = 1/b$ mas $\sigma f)=1/(a+bf)$, a largura da janela é proporcional ao inverso da frequência (a, b são constantes e f é a frequência). Se $a=0$, a transformada é a transformada S e se $b=0$, a transformada é a transformada de Fourier de tempo curto. Escolhe-se um valor mais elevado de b para baixas frequências e, para altas frequências, escolhe-se um valor mais baixo de b para obter resoluções de frequência adequadas (normalmente $0{,}333 \leq b \leq 5$) [42]. O cálculo da matriz DST é efectuado através do seguinte procedimento, apresentado na Fig. 2.3.

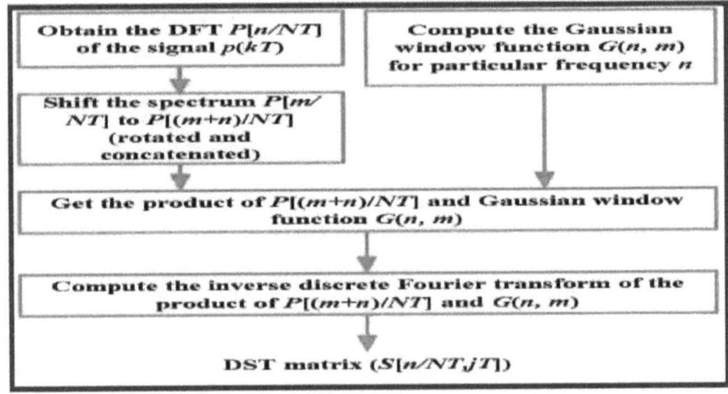

Fig. 2.3 Diagrama de blocos para o cálculo da matriz DST

Assim, obtém-se uma matriz complexa, em que cada linha corresponde a uma componente de frequência particular e as colunas correspondem a instantes de tempo do sinal.

2.2 Desenvolvimento de um detetor e classificador de falhas baseado em lógica difusa para linhas de transmissão trifásicas de circuito único com STATCOM

2.2.1 Modelo do sistema elétrico em estudo

O modelo do sistema de energia em estudo consiste em linhas de transmissão de 500 kV, 60 Hz, trifásicas e de circuito único (L1) com 300 km de comprimento, ligadas a duas fontes trifásicas nos extremos emissor e recetor. O dispositivo de compensação shunt FACTS STATCOM está ligado no meio das linhas de transmissão e duas cargas (Carga-1 e Carga-2) estão ligadas nas extremidades, respetivamente na extremidade emissora e na extremidade recetora. O STATCOM está ligado para fornecer/absorver a corrente reactiva necessária de/para o sistema, respetivamente. O esquema de proteção proposto é instalado no barramento da extremidade emissora (B1) para deteção e classificação de falhas. O modelo do sistema de potência é concebido e simulado utilizando o MATLAB e as suas caixas de ferramentas simulink e simpower system. O diagrama unifilar do modelo de sistema elétrico proposto é apresentado na Fig. 2.4. Os parâmetros da linha de transmissão são apresentados na Tabela 2.1.

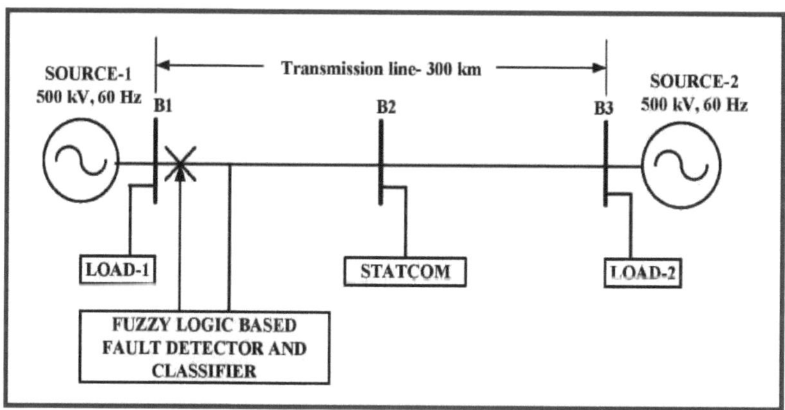

Fig. 2.4 Diagrama unifilar do sistema de transmissão trifásico com o STATCOM.

2.2.2 Parâmetros do sistema

- Fonte-1: Tensão fase a fase	500 kV
Frequência	60 Hz
Resistência de origem	2.9412 Ω
Indutância da fonte	0.07805 H

- Fonte-2: Tensão fase a fase	500 kV
Frequência	60 Hz
Resistência de origem	2.7778 Ω
Indutância da fonte	0.0737 H

STATCOM: Conversor de fonte de tensão baseado em tiristor de desligamento de porta (GTO) de ±100MVA, 500kV, 48 impulsos [43, 44]. É utilizado um conversor de fonte de tensão baseado em Tiristores de Gate Turn off (GTO) de ±100MVA, 500kV, 48 impulsos STATCOM a partir do MATLAB. Os conversores de fonte de tensão são preferidos para controlo independente da potência real e reactiva, interface simples com o sistema de corrente alternada, regulação contínua da tensão alternada, sem restrições de potência mínima [45].

- Linha de transmissão: 300 km

Tabela 2.1 Parâmetros da linha de transmissão

Parâmetro	Positivo	Negativo	Zero
Resistência (Ω/km)	0.02546	0.02546	0.3864
Indutância (H/km)	0.9337e-3	0.9337e-3	4.1264e-3
Capacitância (F/km)	12.74e-9	12.74e-9	7.751e-9

2.3 Análise de falhas e formas de onda do sistema

A análise de defeitos é essencial para desenvolver um esquema de proteção adequado. A este respeito, nesta secção, a análise de defeitos foi efectuada através da simulação de diferentes tipos de defeitos com variação de diferentes parâmetros do defeito e do sistema de energia. A Figura 2.5 mostra a variação da forma de onda da tensão e da corrente durante um defeito de fase dupla à terra ("ABG") a 30 km do ponto de relé com uma resistência de defeito (Rf) de 5 Ω e um ângulo de início de defeito (Φi) de 0°. Pode observar-se que, antes da ocorrência do defeito, a magnitude dos sinais de tensão e corrente é igual em cada fase. Após a ocorrência do defeito em 0,1 s, os sinais de tensão diminuem e os sinais de corrente aumentam nas respectivas fases com defeito. Assim, o sinal de tensão e de corrente pode representar o estado da linha (ou seja, saudável ou defeituoso). Por conseguinte, no presente trabalho, os sinais trifásicos de tensão e de corrente, desde o estado pré-falta até ao estado pós-falta, são utilizados para o desenvolvimento do esquema de proteção proposto. Os relés digitais utilizam dados de entrada de apenas um terminal numa extremidade da linha ou dos terminais em ambas as extremidades da linha. O primeiro é mais simples e económico porque não é necessária a transferência de dados a longa distância [46]. O esquema de proteção proposto utiliza apenas dados de tensão e corrente de um terminal na extremidade da fonte.

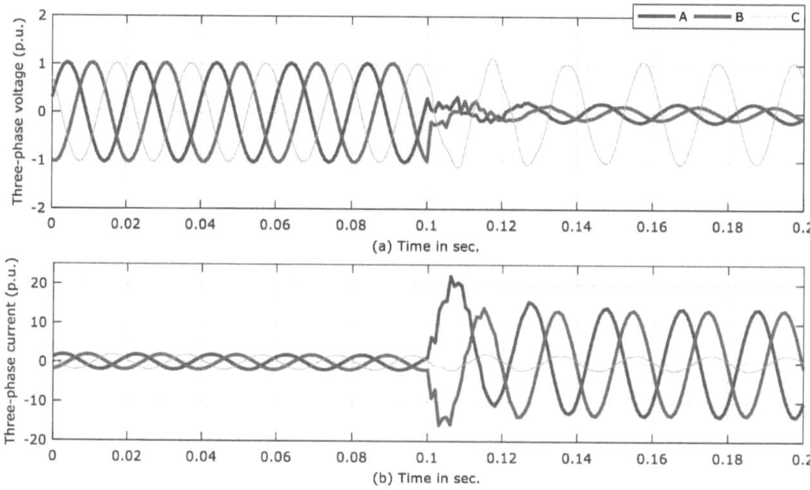

Fig. 2.5 (a) Forma de onda da tensão trifásica, (b) Forma de onda da corrente trifásica durante uma falta dupla linha-terra (ABG) a uma distância de 30 km do ponto de relé, com resistência de falta = 5 Ω e com ângulo de início de falta = 0°.

Assim, a variação dos sinais de corrente pode representar o estado atual da linha, quer esteja sã ou defeituosa. A Fig.2.5 (a) e (b) mostra claramente que, em condições de ausência de defeito, a magnitude das correntes em todas as fases é igual. Durante um defeito duplo da linha à terra (ABG), a magnitude da corrente nas fases "A" e "B" aumenta, enquanto a corrente na fase "C" não se altera.

2.4 Desenvolvimento do detetor e classificador de falhas baseado em lógica difusa proposto

Na presente secção, foi implementada uma ferramenta popular de computação flexível, ou seja, a lógica difusa, para a deteção de defeitos de derivação e a identificação da fase defeituosa em linhas de transmissão trifásicas de circuito simples. O algoritmo proposto neste capítulo baseia-se na monitorização da corrente de cada fase numa linha trifásica. As correntes de todas as fases são consideradas como variáveis linguísticas. As variáveis são mapeadas para o estado (saudável ou defeituoso) das fases por um conjunto de regras fuzzy. As regras são definidas com base na distribuição da corrente durante as condições de pré e pós-falta. O detetor e o classificador de defeitos baseados na lógica difusa são implementados utilizando a caixa de ferramentas da lógica difusa no MATLAB. A componente fundamental dos sinais de corrente em cada fase no barramento B1 é utilizada como entrada para o detetor e classificador de defeitos baseados na lógica difusa.

O esquema global de proteção baseado na lógica difusa proposto envolve três fases: (i) Fase de pré-processamento e extração de caraterísticas (ii) Desenvolvimento de um detetor e classificador de avarias baseado na lógica difusa (iii) Avaliação do detetor e classificador de avarias propostos

2.4.1 Extração da componente fundamental de sinais de corrente por DFT

O esquema proposto baseado na lógica difusa também utiliza a componente fundamental dos sinais de corrente. Na primeira fase (fase de extração de caraterísticas), os sinais de corrente bruta trifásica instantânea são obtidos através da simulação do modelo de linha de transmissão trifásica em estudo com parâmetros variáveis do sistema de energia. Os dados brutos não processados incluem geralmente componentes de ruído e também informação supérflua. Por conseguinte, o pré-processamento é essencial, pois tem por objetivo remover os componentes de ruído e a informação redundante. O pré-processamento dos sinais de tensão e corrente envolve a conversão dos sinais de corrente instantâneos nos seus valores fundamentais correspondentes. Os valores unitários dos sinais de corrente de fase obtidos após a simulação do modelo trifásico são dados pela equação (2.7).

$$I_P = \{ I_{P(N)}, I_{P(N+1)}, \ldots, I_{P(N-M+1)} \} \tag{2.7}$$

em que $N = n^{th}$ amostra dos sinais de tensão ou de corrente

$M =$ Número total de amostras

Os valores instantâneos da corrente em cada fase são processados por um filtro Butterworth passa-baixo de segunda ordem. O filtro Butterworth tem uma frequência de corte de 480 Hz. A frequência de corte foi escolhida tendo em conta a presença de harmónicos superiores (para além de sete) na forma de onda, que podem surgir devido a ruído e à presença de componentes não lineares da eletrónica de potência. Após a filtragem, os sinais de corrente são amostrados a uma frequência de amostragem de 3840 Hz, ou seja, 64 amostras por ciclo do sistema de frequência de 60 Hz. O sinal no domínio do tempo é então convertido em sinal no domínio da frequência, processando o sinal amostrado através da transformada discreta de Fourier, que fornece o componente fundamental do sinal de corrente em cada fase no domínio da frequência. Após a filtragem e a amostragem, obtêm-se as amostras de corrente fundamental que são utilizadas como caraterísticas de entrada para desenvolver o detetor e o classificador de defeitos baseados na lógica difusa para a linha de transmissão trifásica com o STATCOM. A transformada discreta de Fourier de um ciclo completo é utilizada para estimar os componentes fundamentais da corrente trifásica. As etapas de pré-processamento do algoritmo de proteção proposto são apresentadas na Fig. 2.6.

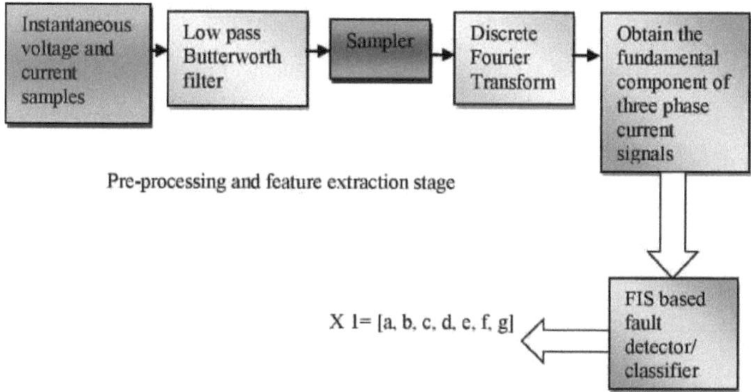

Fig.2.6 Processo de pré-processamento e extração de caraterísticas para deteção e classificação de falhas

2.4.2 Desenvolvimento de um detetor e classificador de falhas baseado em lógica difusa

A deteção e a classificação dos defeitos de derivação são efectuadas utilizando a lógica difusa implementada com a caixa de ferramentas Fuzzy Logic no MATLAB. Para o esquema de proteção baseado na lógica difusa proposto, a componente fundamental dos sinais de corrente em cada fase é utilizada como entrada para o sistema de inferência difusa. O diagrama de blocos que representa o funcionamento do FIS está representado na Fig. 2.7. A entrada analógica (quantidade nítida) é normalizada para ser mapeada numa gama de interesse adequada. As entradas normalizadas são fuzzificadas utilizando funções de associação adequadas para gerar um conjunto fuzzy correspondente a uma determinada entrada. A base de regras que representa o núcleo do FIS mapeia os conjuntos fuzzy de entrada com conjuntos fuzzy de saída. O conjunto fuzzy de saída gerado pelo disparo das regras definidas na base de regras é defuzzificado para gerar uma saída nítida. Além disso, a saída obtida após a defuzzificação é submetida a desnormalização para ser mapeada no intervalo original. No caso presente, a entrada para o FIS envolve variáveis que representam o estado de várias fases, enquanto a saída representa o estado (saudável/ defeituoso) da fase correspondente.

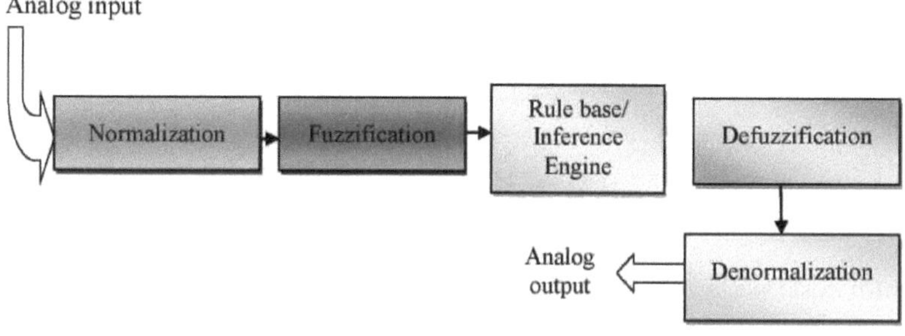

Fig.2.7 Sistema de Inferência Fuzzy

A configuração geral do detetor/classificador de defeitos baseado na lógica difusa proposto é apresentada na Fig. 2.8. O esquema de relé é constituído por três sistemas de inferência difusa (FIS). Para determinar o envolvimento da terra no defeito, é utilizado o primeiro FIS, que se baseia na corrente de sequência zero. Por outro lado, o FIS-2 e o FIS-3 identificam a fase defeituosa durante as faltas à terra e as faltas de fase, respetivamente. Com base nas saídas do FIS-1, é ativado o FIS-2 ou o FIS-3. O primeiro FIS gera uma saída binária, ou seja, "0" ou "1". Se fornecer a saída "1", representa o envolvimento da terra na avaria e, assim, ativa o segundo sistema de inferência difusa desenvolvido para a deteção de avarias à terra (ou seja, LG ou LLG). A saída "0" fornecida pelo primeiro FIS acciona o terceiro sistema de inferência fuzzy, que foi desenvolvido para defeitos de fase, ou seja, LL ou LLL. O segundo e o terceiro sistemas de inferência fuzzy (para deteção de fases) identificam a(s) fase(s) envolvida(s) nos defeitos. A entrada para o segundo e o terceiro sistemas de inferência difusa (para deteção de fases) é a componente fundamental pré-processada dos sinais de corrente no barramento B1.

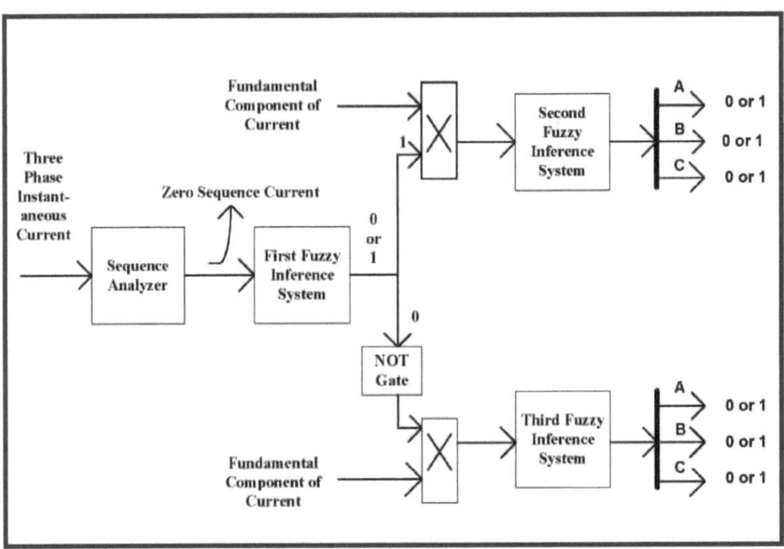

Fig. 2.8 Diagrama de blocos para o detetor e classificador de falhas baseado em lógica difusa

Com base na informação relativa ao fluxo de corrente de sequência zero, foi selecionada uma função de afiliação trapezoidal para a entrada e a saída do FIS-1. A Fig. 2.9 mostra as funções de associação para detetar o envolvimento da terra no circuito de defeito. As regras associadas são dadas como

a)   Se i_z for *baixo*, então *não há falha de terra*

b)   Se i_z for *elevado*, então *existe um defeito à terra*

em que i_z é a entrada de dados aleatórios para o FIS-1 que representa a magnitude da corrente de sequência zero, "*low*" e "*high*" são conjuntos difusos para a entrada, "*no ground fault*" e "*ground fault*" são conjuntos difusos para a saída.

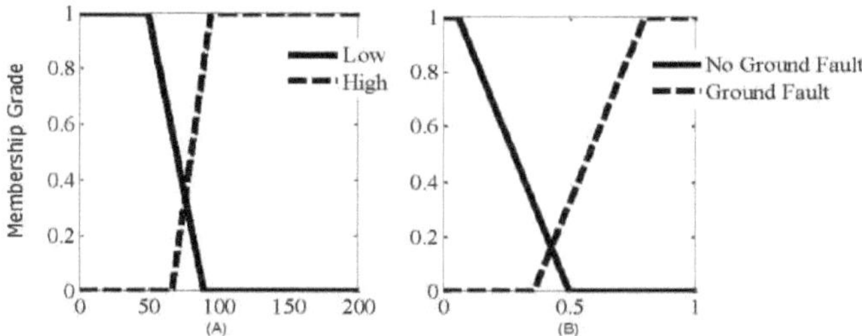

Fig. 2.9 Função de associação para o conjunto fuzzy de entrada (A) e saída (B) do FIS-1 definido no conjunto universal correspondente (eixo x).

O segundo e o terceiro FIS fornecem três saídas binárias correspondentes a cada fase (ou seja, fase "A", "B" e "C"). Existem duas funções de afiliação em todas as entradas e saídas dos três sistemas de inferência fuzzy. São utilizadas funções de afiliação triangulares para os sistemas, que são selecionadas com base em acertos e tentativas. O método de defuzzificação do centróide é utilizado para a defuzzificação das saídas difusas. As bases de regras para os três SIF são apresentadas nos quadros 2.2, 2.3 e 2.4, respetivamente.

Tabela 2.2 Entrada, saída e base de regras para o primeiro FIS

Entrada	Saída	Base da regra
I_z (corrente de sequência zero)	Estado de acionamento	Se I_z for baixo, o disparo é zero
		Se I_z for elevado, o acionamento é um

Tabela 2.3 Entrada, saída e base de regras para o segundo FIS

Entrada	Saída	Base da regra
I_A (componente fundamental da corrente na fase "A")	Estado da fase "A	Se I_A for baixo, o disparo é zero
		Se I_A for elevado, o acionamento é um
I_B (componente fundamental da corrente na fase "B")	Estado da fase "B	Se I_B for baixo, o disparo é zero
		Se I_B for elevado, o acionamento é um
I_C (componente fundamental da corrente na	Estado da fase "C	Se I_C for baixo, o disparo é zero
		Se I_C for elevado, o disparo é um

Entrada	Saída	Base da regra
I_A (componente fundamental da corrente na fase "A")	Estado da fase "A"	Se I_A for baixo, o disparo é zero
		Se I_A for elevado, o acionamento é um
I_B (componente fundamental da corrente na fase "B")	Estado da fase "B"	Se I_B for baixo, o disparo é zero
		Se I_B for elevado, o acionamento é um
I_C (componente fundamental da corrente na fase "C")	Estado da fase "C"	Se I_C for baixo, o disparo é zero
		Se I_C for elevado, o disparo é um

2.5 Resultados do detetor e classificador de avarias com base na lógica difusa para linhas de transmissão trifásicas com o STATCOM

O desempenho do detetor e classificador de defeitos baseado na lógica difusa de proteção proposto foi avaliado através da simulação de um grande número de casos de defeitos que envolvem uma grande variação dos parâmetros de defeito. Os parâmetros de defeito considerados são as resistências de defeito (0 Ω a 100 Ω), os ângulos de incepção de defeito (0° a 360°) e as distâncias de defeito (10 km a 290 km) do barramento B1. Alguns dos resultados dos ensaios são apresentados nas subsecções seguintes para mostrar o desempenho e a imunidade/ tolerância da técnica de proteção proposta face às variações dos parâmetros de defeito.

Além disso, o tempo de funcionamento do relé é importante para remover a avaria do sistema o mais cedo possível, a fim de evitar danos no sistema devido à avaria. O tempo de funcionamento do relé (t_i) do sistema de proteção proposto foi avaliado pela eq. (2.8)

$$t_i = (x-y) \text{ tempo de um ciclo/(número total de amostras por ciclo)} \qquad (2,8)$$

em que x= a amostra em que a falha é detectada,

y= a amostra em que ocorre a avaria.

2.5.1 Resposta do esquema de proteção para diferentes localizações de defeito: Caso 1

A precisão do esquema de proteção proposto é avaliada em diferentes localizações de defeito a partir do ponto de relé e alguns dos resultados são apresentados na Tabela 2.5. São criados diferentes tipos de defeitos de derivação em vários locais da linha. Para todos os casos de defeito de derivação, a resistência de defeito (R_f) e o ângulo de início de defeito (Φ_i) são mantidos constantes a 0 Ω e 0°, respetivamente. Como se observa na Tabela 2.5, o relé classifica corretamente o defeito e o tempo máximo e mínimo de funcionamento do relé para a deteção/classificação de defeitos para todos os casos de defeito é de 10,41 ms e 1,32 ms, respetivamente.

Tabela 2.5 Resultados dos testes para o detetor e classificador de falhas com base na lógica difusa a diferentes distâncias de falha (L_a)

Tipo de defeito de derivação	L_a (km)	Detetor e classificador de falhas				Tempo de funcionamento do relé (ms)
		A	B	C	G	
AG	30	1	0	0	1	1.32
BG	50	0	1	0	1	4.65
ABG	70	1	1	0	1	3.64
BCG	120	0	1	1	1	7.03
AB	220	1	1	0	0	6.23
BC	240	0	1	1	0	8.33
ABC	300	1	1	1	0	10.41

2.5.2 Resposta do esquema de proteção à variação da resistência de defeito: Caso 2

O desempenho do sistema de proteção proposto é também testado para casos de defeito com diferentes resistências de defeito (Rf). A Tabela 2.6 mostra os resultados dos testes do esquema de proteção proposto para diferentes defeitos de derivação com resistências de defeito variáveis a uma distância de 225 km do barramento B1 na linha e em todos os casos de defeito o ângulo de início de defeito (Φ_i) é mantido constante a 0°. A partir dos resultados dos testes apresentados na Tabela 2.6, observa-se que o esquema de proteção proposto é capaz de detetar e classificar todos os defeitos com precisão, mesmo com resistências de defeito variáveis. Assim, é evidente que o esquema de proteção proposto também é imune às variações das resistências de defeito.

Tabela 2.6 Resposta do sistema de proteção proposto para diferentes tipos de defeitos com resistência de defeito variável

Tipo de falha de derivação	Rf (Ω)	Detetor e classificador de falhas				Tempo de funcionamento do relé (ms)
		A	B	C	G	
AG	20	1	0	0	1	8.40
CG	40	0	0	1	1	2.08
ABG	80	1	1	0	1	2.08
ACG	100	1	0	1	1	7.81
AC	0	1	0	1	0	6.23
BC	0	0	1	1	0	2.86
ABC	0	1	1	1	0	2.08

2.5.3 Resposta do esquema de proteção à variação do ângulo de início de defeito: Caso 3

Além disso, o desempenho do esquema de proteção baseado na lógica difusa proposto é testado com diferentes ângulos de início de defeito (Φ_i) para diferentes defeitos de derivação nas linhas. A Tabela 2.7 mostra os resultados dos testes do esquema de proteção proposto para diferentes defeitos de derivação com ângulos de início de defeito variáveis a uma distância de 75 km do barramento B1 na linha e em todos os casos de defeito a resistência de defeito manteve-se constante a 0 Ω.

Tabela 2.7 Resposta do sistema de proteção proposto para diferentes defeitos com variação do ângulo de início de defeito

Tipo de derivação Falha	$(\Phi)_i$	Detetor e classificador de falhas				Tempo de funcionamento do relé (ms)
		A	B	C	G	
CG	0°	0	0	1	1	2.89
AG	30°	1	0	0	1	2.08
ACG	45°	1	0	1	1	6.22
BCG	90°	0	1	1	1	7.23
AB	150°	1	1	0	0	4.15
BC	240°	0	1	1	0	6.51

ABC	360°	1	1	1	0	7.55

CAPÍTULO 3

DESENVOLVIMENTO DE UM ESQUEMA DE PROTECÇÃO BASEADO EM ANN PARA UMA LINHA DE TRANSMISSÃO TRIFÁSICA DE CIRCUITO DUPLO COM STATCOM

3.1 Introdução

O capítulo anterior tratou da aplicação da lógica difusa para a deteção e classificação de sistemas de transmissão trifásicos de circuito simples. Embora o esquema de proteção baseado na lógica difusa seja bastante eficiente na realização da tarefa de deteção e classificação numa linha de circuito simples, a sua aplicação não é alargada à linha de transmissão de circuito duplo com o STATCOM. Uma vez que a lógica difusa se baseia nas funções de associação e na base de regras, o número de regras para tomar uma decisão de proteção aumentará exponencialmente à medida que o número de variáveis de entrada aumenta para o sistema difuso. Se o modelo do sistema de energia em estudo for um modelo de circuito duplo, são necessárias, no total, nove caraterísticas de entrada, o que torna o esquema de proteção um pouco complexo. Uma vez que não existe um algoritmo predefinido para selecionar as funções de associação adequadas para uma determinada tarefa, seria uma tarefa agitada escolher a melhor função através de um processo de tentativa e erro. Além disso, para conceber as regras dos sistemas de inferência difusa, é necessário ter um conhecimento profundo e pormenorizado do sistema de energia em estudo, o que seria uma tarefa difícil para compreender o comportamento complicado dos sinais de tensão e corrente que mudam rapidamente devido à incorporação do STATCOM no sistema.

A este respeito, foram propostos neste capítulo esquemas de proteção baseados em algoritmos de aprendizagem supervisionada (RNA) que são robustos e se adaptam facilmente à natureza rapidamente variável dos sinais de tensão e corrente devido à incorporação do STATCOM no sistema. Estes algoritmos de aprendizagem supervisionada aprendem o comportamento variável dos sinais de tensão e de corrente e fornecem um classificador eficiente após o processo de treino.

3.2 Desenvolvimento de um Detetor/Classificador de Falhas Baseado em ANN, Identificador de Secções e Estimador de Localização para Linhas de Transmissão Trifásicas de Circuito Duplo com STATCOM

3.2.1 Modelo de Sistema Elétrico de Circuito Duplo em Estudo

O diagrama unifilar do modelo de sistema elétrico proposto é apresentado na Fig.3.1. O modelo de sistema elétrico em estudo consiste em linhas de transmissão trifásicas de circuito duplo (Linha-1

(L1) e Linha-2 (L2)), cada uma com 300 km de comprimento, ligadas a duas fontes trifásicas nos barramentos emissor (B1) e recetor (B3). O dispositivo de compensação shunt do FACTS STATCOM está ligado no meio da linha de transmissão (L1) [34].

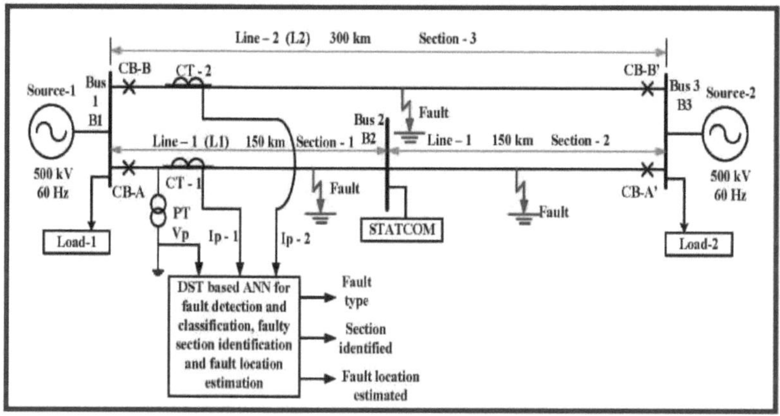

Fig. 3.1 Diagrama unifilar do modelo do sistema elétrico de linhas de transmissão trifásicas de circuito duplo com STATCOM.

A linha de transmissão de circuito duplo está dividida em três secções, L1 com duas secções iguais (secção-1, 150 km: do barramento B1 a B2; secção-2, 150 km: do barramento B2 a B3) e toda a linha L2 como secção-3, 300 km. A linha de transporte é sujeita a vários defeitos de derivação em diferentes locais da linha de transporte com a ajuda de um defeito trifásico. O relé de proteção baseado em RNA para linhas de transmissão de circuito duplo é instalado/localizado no barramento da extremidade emissora (B1) para deteção e classificação de defeitos, identificação da secção defeituosa e estimativa da localização do defeito. Os sinais de corrente das linhas L1 e L2 e os sinais de tensão no barramento da extremidade emissora (B1) são utilizados para desenvolver o esquema de proteção baseado em RNA proposto. O modelo do sistema de potência é concebido e simulado no MATLAB SIMULINK. A configuração distribuída do

A linha de transmissão e outros blocos do sistema são modelados utilizando a caixa de ferramentas Simpowersystems do MATLAB. Os parâmetros da linha de transmissão são apresentados na Tabela 3.1.

3.2. 2Parâmetros do sistema

- **Fonte-1:** Tensão fase a fase   500 kV

Frequência   60 Hz

Resistência de origem   2.9412 Ω

Indutância da fonte   0.07805 H

- **Fonte-2:** Tensão fase a fase   500 kV

Frequência   60 Hz

Resistência de origem   2.7778 Ω

Indutância da fonte   0.0737 H

-    **STATCOM:** Conversor de fonte de tensão baseado em tiristor de desligamento de porta (GTO) de ±100MVA, 500kV, 48 impulsos [43, 44]. É utilizado um conversor de fonte de tensão baseado em tirístores de porta de ±100MVA, 500kV, 48 impulsos STATCOM (GTO) a partir do MATLAB. Os conversores de fonte de tensão são preferidos para controlo independente da potência real e reactiva, interface simples com o sistema de corrente alternada, regulação contínua da tensão alternada, sem restrições de potência mínima [45].

- **Linhas de transmissão (L1 e L2):** 300 km

Tabela 3.1 Parâmetros da linha de transmissão da linha de circuito duplo

Parâmetro	Positivo	Negativo	Zero
Resistência (Ω/km)	0.02546	0.02546	0.3864
Indutância (H/km)	0.9337e-3	0.9337e-3	4.1264e-3
Capacitância (F/km)	12.74e-9	12.74e-9	7.751e-9

3.3 Procedimento para extração de caraterísticas com base em DST

Foi utilizada uma poderosa técnica de extração de caraterísticas tempo-frequência, a transformada discreta de S (DST), em que a resolução no tempo e na frequência é obtida sem a perda da informação de fase das frequências. Possui as caraterísticas da transformada wavelet e da transformada de Fourier de tempo curto. A DST baseia-se numa largura variável da função de análise que muda com a frequência, dando origem a uma resolução dependente da frequência.

A transformada S de um sinal de tempo discreto $p[kT]$ de N amostras e com intervalo de tempo de amostragem T onde ($k = 0, 1, 2,..., N-1$) é dada pela eq. (3.1)

$$S\left[\frac{n}{NT}, jT\right] = \sum_{m=0}^{N-1} P\left[\frac{m+n}{NT}\right] G(n, m) e^{i2\pi m j/N} \tag{3.1}$$

em que $\dfrac{n}{NT}$ ($n=0,1,2,....N/2$ de acordo com o teorema de amostragem de Nyquist) representa a componente de frequência específica e jT ($j=0,1,2,....N-1$) representa os instantes de tempo. $P\left[\frac{n}{NT}\right]$ é a transformada discreta de Fourier de $p[kT]$ e $G(n,m)$ representa a função de janela gaussiana para a frequência específica n.

A transformada discreta de Fourier $P\left[\frac{n}{NT}\right]$ e a função de janela *gaussiana* $G(n,m)$ são calculadas do seguinte modo

$$P\left[\frac{n}{NT}\right] = \frac{1}{N}\sum_{k=0}^{N-1} p[kT]e^{-i2\pi nk/N} \tag{3.2}$$

$$G(n,m) = e^{-2\pi^2 m^2 \alpha^2 /n^2} \tag{3.3}$$

Onde $\alpha = \frac{b}{f}$ and $\alpha(f) = 1\backslash(a + bf)$ a largura da janela é proporcional ao inverso da frequência (a, b são constantes e f é a frequência). Se $a=0$, a transformada é a transformada S e se $b=0$, a transformada é a transformada de Fourier de tempo curto. Escolhe-se um valor mais elevado de b para baixas frequências e, para altas frequências, escolhe-se um valor mais baixo de b para obter resoluções de frequência adequadas (normalmente $0,333 \leq b \leq 5$) [42].

No trabalho proposto, os sinais instantâneos de corrente (IA1, IB1, IC1 de L1 e IA2, IB2, IC2 de L2) e de tensão (VA, VB, VC) no barramento B1 são obtidos e amostrados a uma frequência de amostragem de 3,84 KHz, de acordo com o critério de amostragem de Nyquist. Os sinais amostrados são processados através da aplicação de DST, que fornece a matriz complexa que contém os espectros real e imaginário de diferentes frequências.

A partir da matriz complexa, seleciona-se a magnitude dos componentes da frequência fundamental e aplica-se-lhe o desvio padrão. O desvio-padrão de um conjunto de dados D, contendo N amostras, é dado pela eq. (3.7)

$$Std = \sqrt{\frac{1}{N-1}\sum_{i=1}^{N}|D_i - \mu|^2} \tag{3.4}$$

$$mean, \mu = \frac{1}{N}\sum_{i=1}^{N} D_i \tag{3.5}$$

Um total de 9 caraterísticas de entrada (tensões trifásicas, VA, VB, VC e 6 correntes de fase IA1, IB1, IC1 de L1 e IA2, IB2, IC2 de L2) são utilizadas para treinar a RNA. A Fig. 3.2 mostra a representação do diagrama de blocos para o processo de extração de caraterísticas baseado em DST.

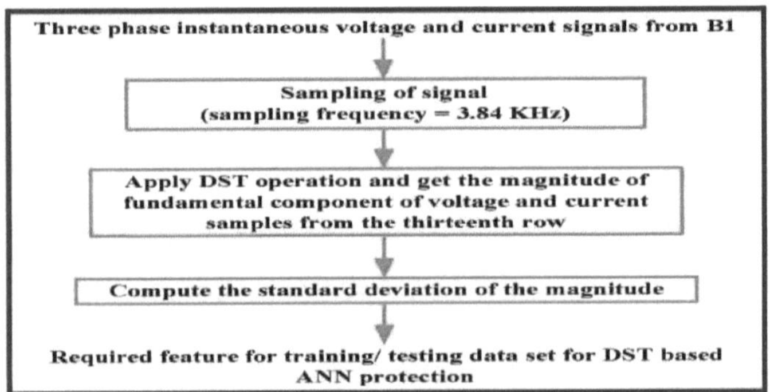

Fig. 3.2 Diagrama de blocos para o processo de extração de caraterísticas baseado em DST

A Fig. 3.3 mostra as formas de onda instantâneas da tensão e da corrente do barramento B1 da extremidade emissora com os correspondentes contornos de magnitude tempo-frequência obtidos a partir da matriz DST em caso de defeito simples da linha à terra (AG) na linha L1 com resistência de defeito 0 Ω e ângulo de início de defeito 0° (tempo de início de defeito 0,0333 seg.) a 75 km do barramento B1.

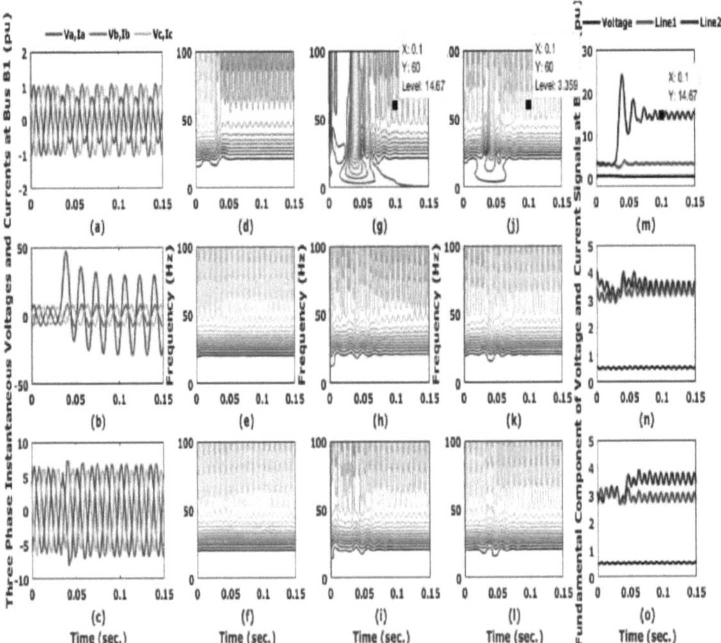

Fig. 3.3 (a) , (b), (c) Tensões e Correntes Instantâneas Trifásicas das Linhas L1 e L2 Respetivamente; (d), (e), (f) Contornos Tempo-Frequência das Magnitudes de Tensão para as Fases A, B e C Respetivamente; (g), (h), (i) Contornos Tempo-Frequência das Magnitudes de Corrente da Linha L1 para as Fases A, B e C Respetivamente; (j), (k), (l) Contornos tempo-frequência das magnitudes de corrente da linha L2 para as fases A, B e C, respetivamente; (m), (n), (o) Magnitudes da componente de frequência fundamental dos sinais de tensão e corrente das linhas L1 e L2 para as fases A, B e C, respetivamente.

3.4 Desenvolvimento do esquema proposto de proteção baseado em RNA

3.4.1 Conceção e treino da RNA

Após a fase de pré-processamento e de extração de caraterísticas, a segunda fase centra-se no desenvolvimento de um detetor/classificador de defeitos baseado em RNA, identificador e localizador de secções. No trabalho proposto, foi desenvolvida uma única RNA feed forward para a deteção, classificação, identificação de secções e estimativa de localização de avarias. A principal vantagem do esquema baseado em RNA proposto é a sua adaptabilidade a condições de funcionamento variáveis e a capacidade de aproximação de funções não lineares, o que permite acompanhar as condições de funcionamento variáveis do sistema. Ao conceber a RNA, o primeiro passo é determinar o tamanho aproximado e a arquitetura da rede neural. A RNA é constituída por uma camada de entrada, três camadas ocultas e uma camada de saída. A arquitetura do classificador ANN proposto é apresentada na Fig. 3.4.

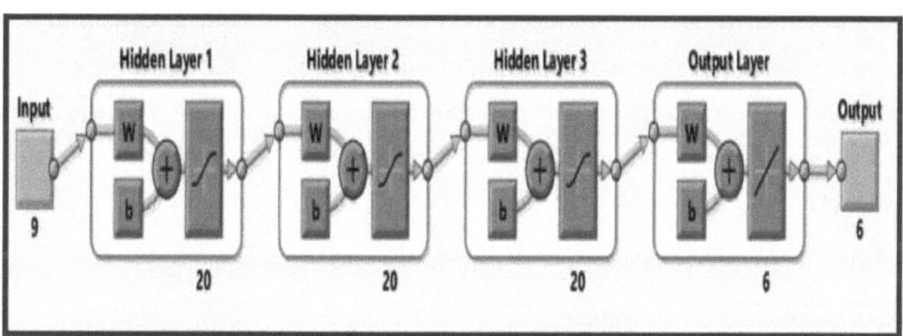

Fig. 3.4 Arquitetura do classificador baseado em RNA proposto.

Os pormenores do classificador ANN proposto são apresentados na Tabela 3.2.

Tabela 3.2 Detalhes do classificador proposto baseado em RNA

Camadas	N.º de Neurónios	Transferência Função	Rede Função	Função de formação
Primeira camada oculta	20	tansig	novoff	comboio

Segunda camada oculta	20	tansig		
Terceira camada oculta	20	tansig		
Camada de saída	6	purelin		

A rede feed forward criada é treinada utilizando a função de treino "trainlm" (baseada no algoritmo de Levenberg-Marquardt). A função de treino "trainlm" é um dos algoritmos mais rápidos que atinge a velocidade de treino de segunda ordem, em que o critério de desempenho se baseia no erro quadrático médio e não requer o cálculo da matriz Hessiana. Além disso, em [47], sugere-se que o 'trainlm' é o melhor algoritmo de treino de retropropagação para a aprendizagem supervisionada (reconhecimento de padrões de dados). A função de treino treina cada um dos vinte neurónios em cada camada oculta e seis neurónios na camada de saída, utilizando funções de transferência tangente sigmoide ("tansig") e linear ("purelin"), respetivamente. No entanto, o número de neurónios em cada camada oculta e a escolha da função de transferência para o treino da RNA são feitos com base num método rigoroso de acerto e erro. Um total de 9 caraterísticas de entrada (3 tensões de fase, VA, VB, VC e 6 correntes de fase IA1, IB1, IC1 de L1 e IA2, IB2, IC2 de L2) são utilizadas para o processo de treino. Após o pré-processamento dos sinais instantâneos brutos de tensão e corrente, o conjunto de dados de treino de entrada é criado através de um grande número de simulações efectuadas na plataforma MATLAB, envolvendo diferentes defeitos de derivação com variações nas resistências de defeito, nos ângulos de início de defeito e na localização do defeito. A natureza crescente e decrescente da magnitude dos sinais de corrente e tensão é utilizada para treinar o classificador ANN. Para treinar a RNA, é utilizado o desvio padrão da magnitude das amostras de tensão e corrente na frequência fundamental. Os diferentes parâmetros de defeito que são considerados durante o treino da RNA são apresentados na Tabela 3.3.

Tabela 3.3 Parâmetros de falha considerados no conjunto de dados de treino de entrada

Variação dos parâmetros	Valores
Tipo de falha	Os 10 tipos de falhas [AG, BG, CG, ABG, BCG, CAG, AB, BC, CA, ABC]
Localização da falha (km)	10 km - 290 km (em intervalos de 2 km na linha 1 e na linha 2)
Ângulo de incepção da falha (°)	0° e 90°
Resistência de avaria (Ω)	0, 50, 100
N.º total de casos de avarias	{[2 ângulos de incepção de defeito] * [3 resistências de defeito] * [(132 localizações de defeito na linha 1 + 141 localizações de defeito na linha 2)] * [10 tipos de defeito]

	+[1 caso de ausência de defeito]} = 16381

Para realizar a tarefa de proteção de deteção/classificação de defeitos, identificação da secção defeituosa e estimativa da localização do defeito, é criado um conjunto de dados alvo com seis saídas. Das seis saídas, quatro são utilizadas para a deteção e classificação de defeitos, das restantes duas saídas uma é utilizada para identificar a secção em falta e a outra é utilizada para estimar a localização do defeito. A Tabela 3.4 apresenta o padrão de entrada de treino e o conjunto de dados alvo utilizados para treinar a RNA. A partir da Tabela 3.4, as saídas para a deteção e classificação de defeitos são representadas por "A", "B", "C" e "G", que correspondem a três fases das linhas e à terra. O valor-alvo atribuído para a deteção e classificação de defeitos é representado por "0" ou "1". O número "0" é utilizado para indicar o não envolvimento da fase correspondente e da terra no defeito, ao passo que o número "1" é utilizado para indicar a situação de defeito em qualquer das fases ("A"/"B"/"C") e, se esse defeito for um defeito ligado à terra, a saída "G" será "1", caso contrário será "0". A quinta saída (para identificação da secção avariada) é representada por "Secção", cujo valor-alvo é atribuído como "0" ou "1" ou "2" ou "3". Os números "1", "2" e "3" são utilizados para representar as secções defeituosas, ou seja, "Secção-1", "Secção-2" e "Secção-3", respetivamente. Se não houver qualquer falha em qualquer secção, esta é representada pelo número "0". A sexta saída para a estimativa da localização da avaria é representada por "Location", que fornece informações sobre a localização da avaria em quilómetros.

Tabela 3.4 Entrada de treino e conjunto de dados alvo para a RNA

Conjunto de dados de entrada de treino		
Caraterísticas de entrada		**Medições**
Tensão	Va	
	Vb	
	Vc	
Correntes da linha 1	Ia1	
	Ib1	
	Ic1	
Linha 2 Correntes	Ia2	
	Ib2	
	Ic2	
Conjunto de dados alvo de treino		
Saídas		**Atribuições de objectivos**

Deteção e classificação de falhas (tipo de falha)	A	0/1
	B	0/1
	C	0/1
	G	0/1
Identificação da secção	Secção	0/1/2/3
Estimativa de localização	Localização	**Lf** km

A melhor RNA treinada é selecionada com base no critério de desempenho do erro quadrático médio mínimo. O desempenho da melhor RNA treinada é validado utilizando um conjunto diferente de dados que envolvem variações em diferentes parâmetros de defeito que não são incluídos durante o processo de treino.

3.4.2 O algoritmo de proteção global proposto

O esquema de proteção global é representado por um diagrama de blocos simples apresentado na Fig. 3.5. O esquema de proteção proposto para a RNA baseada em DST é muito simples. A partir da Fig. 3.5, as saídas da RNA baseada em DST, "Tipo de defeito", podem ser "0" ou "1" para "A", "B", "C" e "G", dependendo do defeito ocorrido, e "Secção" pode ser "0" ou "1" ou "2" ou "3", dependendo da secção defeituosa. O gerador de sinais de disparo gera a saída "Trip1", que é "0" para um caso de ausência de defeito ou "1" para um caso de defeito. O seletor de linha fornece a saída "Trip2", que é ou "0" para nenhum defeito em qualquer secção ou "1" para defeito em qualquer secção.

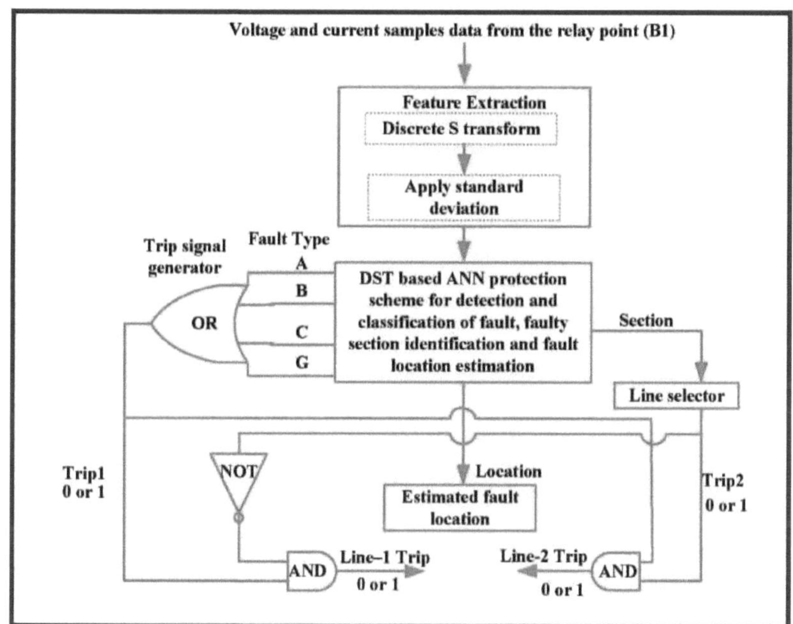

Fig. 3.5 Diagrama de blocos para o esquema de proteção baseado em RNA proposto para deteção/classificação de falhas, identificação de secções defeituosas e estimativa da localização da falha.

O "Trip1" e o "Trip2" decidem o sinal de disparo a ser gerado (Line-1 Trip ou Line-2 Trip) para disparar as linhas L1 ou L2, respetivamente. Se ocorrer um defeito em qualquer uma das linhas, ou seja, L1 ou L2, então "Line-1 Trip" ou "Line-2 Trip" gera a saída "1", respetivamente. Quando não há defeito no sistema, o "Line-1 Trip" e o "Line-2 Trip" dão a saída "0". A localização estimada do defeito dá a distância aproximada do defeito ao ponto do relé.

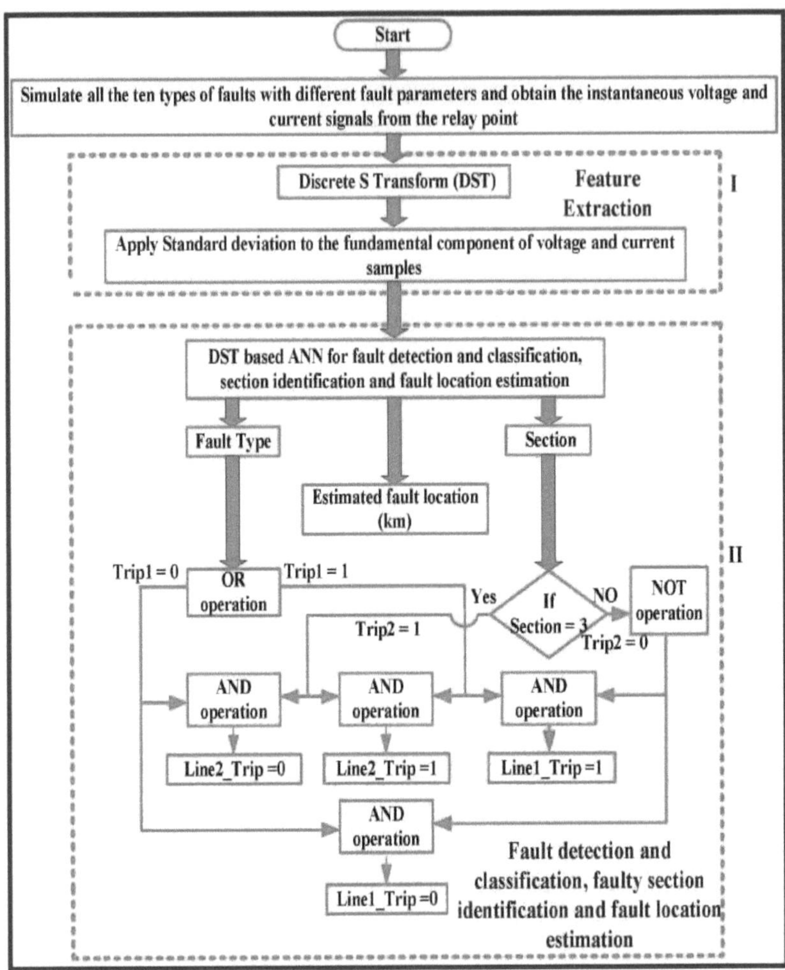

Fig. 3.6 Diagrama de fluxo do esquema proposto de proteção baseado em RNA para deteção/classificação de falhas, identificação de secções defeituosas e estimativa da localização de falhas.

O diagrama de fluxo do esquema de proteção proposto é apresentado na Fig. 3.6. O esquema global de proteção pode ser visto como um processo em duas fases: fase I: extração de caraterísticas e fase II: deteção/classificação de defeitos, identificação da secção defeituosa e estimativa da localização do defeito. As saídas "Tipo de defeito" e "Secção" são utilizadas para fornecer o sinal de disparo aos disjuntores das linhas.

Por exemplo, para um defeito trifásico na linha L-2, as saídas do sistema de proteção proposto são "A=1", "B=1", "C=1" e "G=0"; "Secção" é "3" e "Localização estimada do defeito". Como a operação

42

"OU" em "Tipo de defeito" é "1", "Trip1" é igual a "1" e "Trip2" é igual a "1", uma vez que "Secção" é igual a "3". O "Trip1" e o "Trip2" fornecem o sinal de disparo "Line2_Trip" igual a "1" para a linha em falta L2.

3.5 Resultados para o detetor/classificador de falhas baseado em RNA, identificador de secção e estimador de localização para linhas de transmissão trifásicas de circuito duplo com STATCOM

Para avaliar o desempenho do sistema de proteção baseado em RNA proposto na determinação da natureza, da secção em que ocorreu a falha e da localização da falha, é aplicado à RNA um conjunto de dados de teste, que nunca foram apresentados à rede durante o treino. Para formar o conjunto de dados de teste, o tipo de defeito, a localização do defeito e o ângulo de início do defeito foram variados numa vasta gama para investigar os efeitos destes parâmetros no desempenho do sistema de proteção baseado na RNA proposto. Os parâmetros de defeito considerados são as resistências de defeito (0 Ω a 100 Ω), os ângulos de início de defeito (0° a 360°) e as distâncias de defeito (10 km a 290 km) do barramento B1. O conjunto de dados de teste consiste em 6840 casos de defeito diferentes, incluindo todos os tipos de defeito com variação na localização do defeito de 10 km a 290 km do barramento B1 em ambas as linhas L1 e L2, Rf de 0 a 100 Ω, Φi de 0° a 360° e nenhum caso de defeito. Casos extremos de falta, como faltas perto do limite da zona de proteção e faltas de alta impedância, também foram incluídos no conjunto de dados de teste.

Alguns dos resultados dos ensaios são apresentados nesta secção (Tabela 3.5-3.7) para descrever o desempenho e a imunidade/ tolerância da técnica de proteção proposta face às variações dos parâmetros de defeito.

Além disso, é muito importante avaliar o tempo de funcionamento do relé do sistema de proteção proposto. O tempo de funcionamento do relé do sistema de proteção proposto foi calculado para diferentes cenários de defeito. A Fig. 3.7 mostra os resultados do teste do esquema de proteção proposto para um único defeito de linha para terra (AG) na linha L1 a 75 km do barramento B1 (Secção-1) com resistência de defeito (Rf) 0 Ω e ângulo de início de defeito (Φi) 0° (tempo de início de defeito 0,0333 seg.).

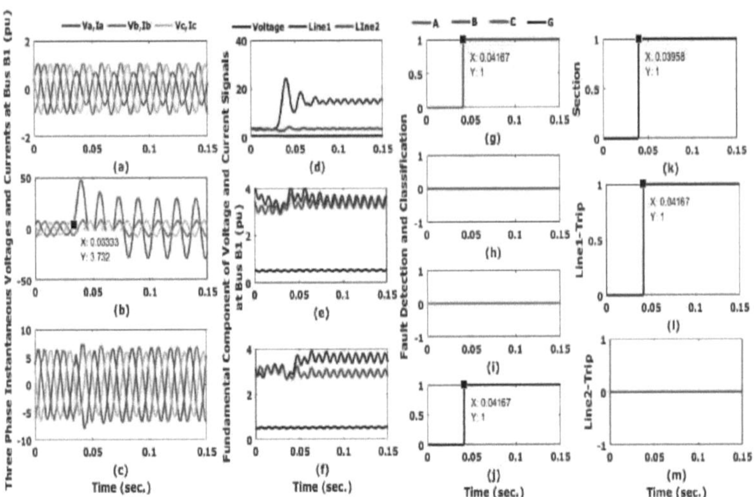

Fig. 3.7 Resultados dos testes do esquema proposto de proteção baseado em ANN para falta AG na linha L1 a 75 km do barramento B1 com Rf = 0 Ω e $\Phi_{i=0°}$.

A Fig. 3.7 (a), (b) e (c) representam as formas de onda da tensão e da corrente trifásicas instantâneas da linha L1 e as formas de onda da corrente trifásica da linha L2 no barramento B1, respetivamente; (d), (e) e (f) representam a magnitude da componente de frequência fundamental da tensão (cor preta), as correntes da linha L1 (cor azul) e da linha L2 (cor vermelha) para as fases "A", "B" e "C", respetivamente, (g) - (j) representam a saída da RNA para a deteção e classificação de defeitos ("Tipo de defeito") com as fases "A", (k) representa a saída da RNA para a identificação da secção ("Secção"), (l) e (m) representam os sinais de disparo para a linha L1 (Line1- Trip) e para a linha L2 (Line2-Trip), respetivamente. A partir da Fig. 3.7, pode ver-se que, durante a condição de pré-falta, todas as saídas da RNA são baixas (0). Após o defeito a 0,033 segundos, as saídas da RNA na fase defeituosa correspondente 'A' e na terra 'G' tornam-se altas (1) a 0,04167 segundos, e permanecem constantemente altas durante os ciclos seguintes. O tempo de deteção de avarias da RNA é a diferença entre o momento em que a saída fica alta, ou seja, 0,04167 seg., e o tempo de início da avaria, ou seja, 0,033 seg., que é de 8,37 ms. Assim, o detetor de defeitos baseado em RNA proposto detectou corretamente o defeito e classificou-o como defeito monofásico à terra (ou seja, defeito "AG") no espaço de um ciclo de tempo (ou seja, 16,67 ms).

A saída "Secção" representa "1", indicando que o defeito ocorreu na secção 1. Finalmente, os sinais de disparo, "Line1-Trip" e "Line2-Trip", representam "1" e "0", respetivamente, indicando que a linha L1 tem de ser desligada do serviço. Do mesmo modo, o tempo de funcionamento do relé foi estimado também para outros casos de defeito.

3.5.1 Resposta do esquema de proteção para diferentes localizações de falhas: Caso 1

É muito importante verificar o desempenho do esquema de proteção proposto em caso de variação da localização da falta. O esquema de proteção proposto é testado para diferentes localizações de defeito a partir do ponto de relé, variando de L_A = 10 km a 290 km. A Tabela 3.5 apresenta alguns resultados dos ensaios, considerando as faltas fase-terra e fase-fase com grande variação na localização das faltas em ambas as linhas em diferentes secções. Para todos os casos de defeito shunt apresentados na Tabela 3.5, a resistência de defeito (R_f) e o ângulo de início de defeito (Φ_i) são mantidos constantes a 0 Ω e 0° (tempo de início de defeito 0,0333 seg.), respetivamente. A partir dos resultados dos testes apresentados na Tabela 3.5, é evidente que a proteção proposta é capaz de detetar com precisão o tipo de defeito, a secção e estima a localização do defeito, o que mostra a sua tolerância ao efeito da variação da localização do defeito.

Tabela 3.5 Resultados dos testes do esquema de proteção proposto baseado em RNA em diferentes localizações de defeito (L_a) com Rf =0 Ω e Φi = 0°

Esquema de proteção baseado em RNA Resultados									% de erro em Localização	Tempo de operação do relé (ms)
Tipo de falha					Secção		Localização			
Deteção e classificação de falhas					Identificação da secção defeituosa		Estimativa da localização da falha (km)			
Atual	Detectado				Atual	Detectado	Atual $_{La}$	Estimativa $_{Lf}$		
	A	B	C	G						
AG	1	0	0	1	1	1	14	15.803	0.601	10.42
BCG	0	1	1	1	1	1	89	87.857	-0.381	6.25
CG	0	0	1	1	2	2	271	270.96	-0.013	8.34
BC	0	1	1	0	2	2	287	285.609	-0.464	6.24
ABC	1	1	1	0	2	2	290	287.806	-0.731	4.17
ABC	1	1	1	0	3	3	11	12.382	0.461	8.33
BG	0	1	0	1	3	3	151	152.098	0.366	6.23
AB	1	1	0	0	3	3	277	278.03	0.343	10.41

A partir dos resultados dos testes apresentados na Tabela 3.5, é evidente que a proteção proposta é capaz de detetar com precisão o tipo de defeito, a secção e estima a localização do defeito, o que mostra a sua tolerância ao efeito da variação da localização do defeito.

3.5.2 Resposta do esquema de proteção à variação da resistência de defeito: Caso 2

A maioria dos algoritmos de proteção é influenciada pela resistência de defeito, pelo que é essencial analisar o efeito da resistência de defeito na precisão do algoritmo proposto. Neste sentido, o desempenho do esquema de proteção proposto é testado para diferentes casos de defeito com resistências de defeito variáveis (R_f). A Tabela 3.6 mostra alguns dos resultados dos testes do esquema de proteção proposto para diferentes defeitos de derivação com variação das resistências de defeito. Para todos os casos de ensaio, a localização do defeito e o ângulo de início do defeito (Φ_i) são mantidos constantes a 225 km do barramento B1 em ambas as linhas L1 e L2 e a 0°, respetivamente.

Tabela 3.6 Resultados dos testes do esquema de proteção baseado em RNA proposto para resistências de defeito variáveis (R_f) com $\Phi_i = O'$ e localização de defeito L_a= 225 km

Resistência a falhas (R_f) Ω	Esquema de proteção baseado em RNA Resultados								% de erro em Localização	Tempo de funcionamento do relé (ms)
	Tipo de falha				Secção		Localização			
	Deteção e classificação de falhas				Identificação da secção defeituosa		Estimativa da localização da falha (km)			
	Atual	Detectado			Atoual	-Detectado	Atual L_a	Estimativa de L_f		
		A	B	C	G						
20	BG	0	1	0	1	2	2	225	226.624	0.541	12.49
5	ABC	1	1	1	0	2	2	225	223.879	-0.374	8.32
85	BCG	0	1	1	1	2	2	225	225.667	0.222	10.43
95	AG	1	0	0	1	2	2	225	224.328	-0.224	10.45
75	CG	0	0	1	1	3	3	225	224.456	-0.181	6.25
2	AB	1	1	0	0	3	3	225	223.452	-0.516	10.41
55	CAG	1	0	1	1	3	3	225	226.338	0.446	8.33
7	ABC	1	1	1	0	3	3	225	222.699	-0.767	4.16

A partir dos resultados dos testes apresentados na Tabela 3.6, observa-se que o esquema de proteção proposto é capaz de detetar/classificar as faltas shunt com precisão, identificar a secção de forma absoluta e localizar as distâncias de falta próximas das localizações reais da falta, mesmo com resistências de falta variáveis. Assim, é evidente que o esquema de proteção proposto também é imune às variações das resistências de defeito.

3.5.3 Resposta do esquema de proteção para diferentes ângulos de início de defeito: Caso 3

Os algoritmos de proteção baseados em ondas progressivas não têm um desempenho satisfatório para defeitos com ângulo de início de defeito nulo [48]. Por conseguinte, é essencial estudar o efeito do ângulo de início de defeito na precisão do algoritmo proposto. A este respeito, o desempenho do esquema de proteção baseado em RNA proposto é testado para diferentes defeitos shunt com uma vasta gama de ângulos de início de defeito (Φ_i). A Tabela 3.7 mostra alguns dos resultados dos testes do esquema de proteção proposto para diferentes defeitos shunt com ângulos de início de defeito variáveis. Os parâmetros de defeito são definidos como: Localização da falta LA = 75 km do ponto de retransmissão e Rf =10 Ω.

Tabela 3.7 Resultados dos testes do esquema de proteção baseado em RNA proposto para ângulos de início de defeito variáveis (Φ_i) com Rf =10 Ω e localização de defeito La=75 km

Ângulo de incepção da falha (Φ_i)	Esquema de proteção baseado em RNA Resultados									% de erro em Localização -n	Tempo de funcionamento do relé (ms)
	Tipo de falha					Secção		Localização			
	Deteção e classificação de falhas					Identificação da secção defeituosa		Estimativa da localização da falha (km)			
	Actu al	Detectado				Ato ual	-Detec -ted	Atual La	Estimativa -d Lf		
		A	B	C	G						
30°	CG	0	0	1	1	1	1	75	76.122	0.374	8.40
70°	CAG	1	0	1	1	1	1	75	75.999	0.333	6.23
150°	AB	1	1	0	0	1	1	75	74.127	-0.291	8.34
240°	ABC	1	1	1	0	1	1	75	72.639	-0.787	12.48
20°	BG	0	1	0	1	3	3	75	77.992	0.997	10.46
40°	ABG	1	1	0	1	3	3	75	72.623	-0.792	6.25
165°	ABC	1	1	1	0	3	3	75	76.733	0.578	8.35
300°	BC	0	1	1	0	3	3	75	73.782	-0.406	12.50

Os resultados dos testes apresentados na Tabela 3.7 mostram claramente que o esquema de proteção proposto também é imune à variação dos ângulos de início de defeito, uma vez que é capaz de fornecer a deteção/classificação correta de defeitos, a secção exacta em que o defeito ocorreu e uma boa estimativa da localização do defeito. Nos quadros 3.5, 3.6 e 3.7, o erro percentual na estimativa da localização da avaria é calculado utilizando a eq. (3.6).

$$\% \; Error \; in \; location = \frac{[(Estimated \; fault \; location, \; L_f) - (Actual \; fault \; location, L_a)]}{Total \; transmission \; line \; length \; to \; be \; protected} X100 \tag{3.6}$$

A partir das Tabelas 3.5, 3.6 e 3.7, pode observar-se que o erro percentual na localização estimada da avaria é de ±1% e que o tempo de funcionamento do relé é de um ciclo. No entanto, o erro percentual na localização estimada da falta em alguns casos de falta é de ± 5%. A Fig. 3.8 mostra o erro percentual na estimativa da localização da falta para 6840 casos de falta gerados durante o ensaio, como mencionado anteriormente. Além disso, a Tabela 3.8 fornece os dados sobre a proporção dos erros percentuais na localização estimada da avaria apresentada na Fig. 3.8.

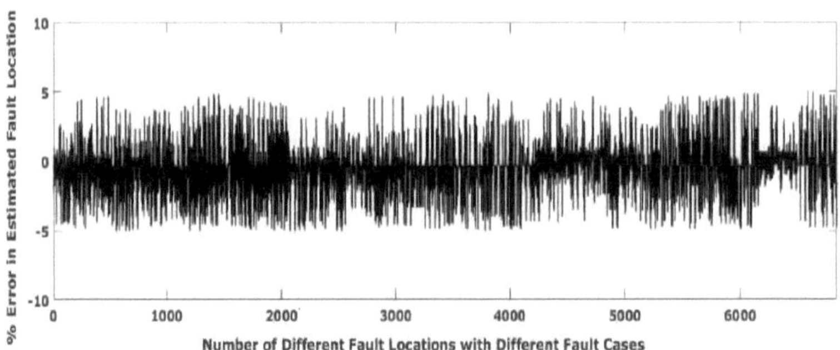

Fig. 3.8 Erro percentual na localização estimada da falha para diferentes casos de falha em diferentes localizações de falha.

Quadro 3.8 Percentagens de erro proporcional

Intervalo de erro Percentagem	Proporção de casos em relação a 6840 casos
-1% a +1%	58.96%
-2% a -1% e +1% a +2%	19.42%
-3% a -2% e +2% a +3%	9.78%
-4% a -3% e +3% a +4%	7.12%
-5% a -4% e +4% a +5%	4.72%

A partir da Tabela 3.8, é evidente que a técnica de proteção proposta é capaz de fornecer uma localização aproximada da falta real para mais de metade dos casos considerados, com um erro de ±1%.

CAPÍTULO 4

DESENVOLVIMENTO DE UM DETECTOR E CLASSIFICADOR DE DEFEITOS BASEADO EM ÁRVORES DE DECISÃO PARA LINHAS DE TRANSMISSÃO DE CIRCUITO DUPLO COM STATCOM

4.1 Introdução

Embora o sistema de proteção baseado em RNA proposto seja preciso na deteção de defeitos, na identificação das secções de defeito e na localização dos locais de defeito (ver capítulo 3, secção 3.5), o tempo de treino necessário para gerar um classificador RNA ótimo é muito mais elevado em comparação com o processo de treino da árvore de decisão (DT). Além disso, o desempenho do esquema de proteção baseado em RNA baseia-se na seleção adequada do número de camadas ocultas, do número de neurónios em cada camada oculta e das funções de ativação utilizadas para as camadas da rede. Além disso, a função de treino e o conjunto de treino também decidem o desempenho do sistema de proteção baseado em RNA. Como o sistema elétrico tem uma grande variedade de condições de funcionamento durante as condições de falha, treinar todos esses casos é um processo moroso. Além disso, a tarefa frenética de selecionar o número adequado de camadas ocultas, o número de neurónios em cada camada oculta e as funções de ativação para as camadas é feita através do método "hit and trail", uma vez que não existe um algoritmo predefinido para uma seleção óptima. Além disso, o enorme conjunto de dados de treino aumenta o tempo de treino necessário para atingir o objetivo de desempenho.

Os obstáculos relativos ao esquema de proteção baseado em ANN podem ser eliminados pelo esquema de proteção proposto baseado em DT. As DT podem tratar dados de grande dimensão através do processo de dividir e conquistar, dividindo recursivamente os dados de treino. Além disso, o tempo de treino necessário para gerar a DT é muito menor em comparação com o esquema de proteção baseado em RNA. O próprio algoritmo de DT seleciona a melhor DT treinada e fornece a DT final que tem maior precisão. Ao contrário do esquema de proteção baseado na RNA, que é considerado um método de caixa negra, o esquema de proteção baseado na TD pode ser considerado um método de caixa branca em que a análise do esquema de proteção pode ser feita facilmente com a ajuda de regras "se-então" simples avaliadas em cada nó da árvore de decisão [2531].

4.2 Modelo de Sistema Elétrico de Circuito Duplo em Estudo

O sistema elétrico descrito no Capítulo 3 (secção 3.2.1) é utilizado para o desenvolvimento de um detetor e classificador de falhas baseado numa árvore de decisão (DT) (Fig. 4.1).

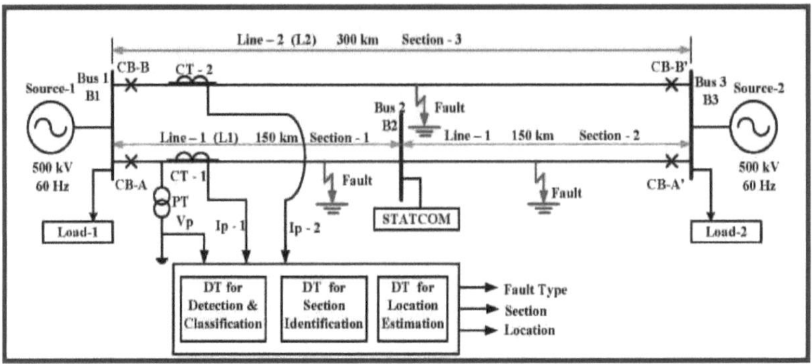

Fig. 4.1 Diagrama unifilar do modelo do sistema elétrico em estudo.

4.3 Desenvolvimento de um Detetor e Classificador de Falhas Baseado em Árvore de Decisão (DT) para Linhas de Transmissão Trifásicas de Circuito Duplo com STATCOM

4.3.1 Procedimento para extração de caraterísticas com base na DWT

O esquema de proteção global proposto (Fig. 4.2) envolve três fases: (i) Fase de extração de caraterísticas (ii) Desenvolvimento do detetor e do classificador de defeitos (iii) Avaliação do detetor e do classificador de defeitos propostos

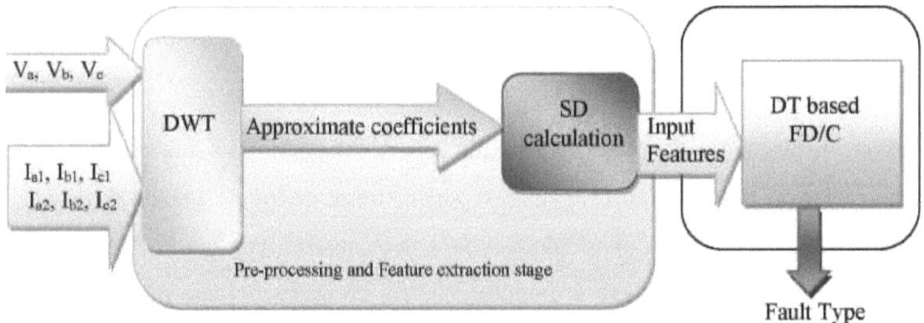

Fig. 4.2. Representação em diagrama de blocos do esquema de proteção proposto.

O diagrama de blocos para o processo de extração de caraterísticas baseado no dwt está representado na Fig. 4.3. Na primeira fase (fase de extração de caraterísticas), os sinais instantâneos de corrente bruta trifásica (I_{a1}, I_{b1}, I_{c1} de L1 e I_{a2}, I_{b2}, I_{c2} de L2) e os sinais de tensão (V_A, V_B, V_C) no barramento B1 são obtidos através da simulação do modelo de linha de transmissão trifásica em estudo com parâmetros variáveis do sistema de energia. Os sinais instantâneos de tensão e corrente disponíveis no barramento B1 são amostrados a uma frequência de amostragem de 3,84 KHz, de acordo com o critério de amostragem de Nyquist. Os sinais amostrados são pré-processados através da aplicação da DWT (db4), que fornece os coeficientes aproximados e detalhados em diferentes níveis com diferentes bandas de frequência. São estimados os desvios-padrão da magnitude dos coeficientes aproximados dos sinais de tensão e de corrente, que são utilizados como caraterísticas de entrada para treinar o detetor e o classificador de defeitos baseados na DT. O desvio padrão de um conjunto de dados D, contendo N amostras, é dado pela eq. (3.7).

Um total de 9 caraterísticas de entrada, ou seja desvio-padrão dos coeficientes aproximados de três tensões de fase (σVacA3, σVbcA3, σVccA3,) e 6 correntes de fase de ambas as linhas (σIa1cA3, σIb1cA3, σIc1cA3de L1 e σIa2cA3, σIb2cA3, σIc2cA3de L2) são utilizadas para criar um vetor de caraterísticas X (Eq. 1) para treino.

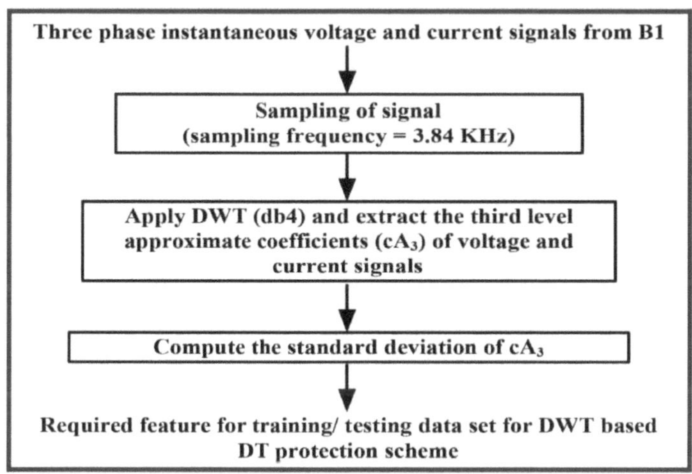

Fig. 4.3 Diagrama de blocos do processo de extração de caraterísticas baseado na DWT.

Fig. 4.4   4.4 mostra a forma de onda dos coeficientes aproximados extraídos dos sinais instantâneos de tensão e corrente das linhas L1 e L2 no barramento B1 durante uma falta trifásica (ABC) a 125 km do barramento-1 na linha-1 com Rf = 0 Ω e Φi = 0°. Fig. 4.4 (a), (b), (c) representam os coeficientes aproximados dos sinais de tensão para as fases 'A', 'B', 'C', respetivamente; (d), (e), (f) representam os coeficientes aproximados dos sinais de corrente da linha L1 para as fases 'A', 'B', 'C', respetivamente; (g), (h), (i) representam os coeficientes aproximados dos sinais de corrente da linha L2 para as fases 'A', 'B', 'C', respetivamente.

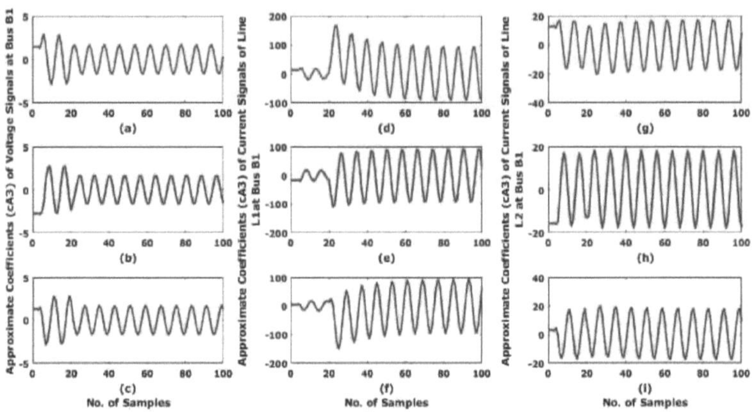

Fig. 4.4 Formas de onda para coeficientes aproximados extraídos dos sinais instantâneos de tensão e corrente no barramento B1 durante uma falta trifásica (ABC) a 125 km do barramento-1 na linha-1 com Rf = 0 Ω e Φi = 0°.

4.4 Desenvolvimento do esquema proposto de proteção com base na DT

O desenvolvimento de árvores de decisão começa com a seleção de atributos de entrada adequados que, no caso presente, correspondem às nove caraterísticas de entrada (desvio padrão dos coeficientes aproximados das tensões trifásicas VA, VB, VC e das correntes das seis fases IA1, IB1, IC1 de L1 e IA2, IB2, IC2 de L2). Após o pré-processamento dos sinais instantâneos de tensão e corrente no domínio do tempo, o conjunto de dados de treino de entrada é criado através de simulações exaustivas efectuadas na plataforma MATLAB, envolvendo diferentes defeitos de derivação com variações nas resistências de defeito, nos ângulos de início de defeito e na localização do defeito. Para obter o conjunto de dados de treino, é utilizado o desvio padrão dos coeficientes aproximados da decomposição wavelet de terceiro nível das amostras de tensão e corrente. Uma DT para a deteção e classificação de defeitos foi treinada utilizando os dados simulados de diferentes parâmetros de defeito, detalhados na Tabela 4.1.

Tabela 4.1 Parâmetros de falha considerados no conjunto de dados de treino de entrada

Variação dos parâmetros	Valores
Tipo de falha	Os 10 tipos de falhas [AG, BG, CG, ABG, BCG, CAG, AB, BC, CA, ABC]
Localização da falha (km)	10 km - 290 km (em intervalos de 2 km na linha 1 e na linha 2)
Ângulo de incepção da falha (°)	0° e 90°
Resistência de avaria (Ω)	0, 50, 100

N.º total de casos de falha	{[2 ângulos de incepção de defeito] * [3 resistências de defeito] * [(132 localizações de defeito na linha 1 + 141 localizações de defeito na linha 2)] * [10 tipos de defeito] +[1 caso sem defeito]} = 16381

A saída para a DT é "Tipo de defeito", que contém onze classes diferentes para representar cada tipo de defeito. Durante o processo de formação, é atribuído a cada tipo de defeito um número específico para efeitos de deteção/classificação de defeitos (Tabela 4.2).

Tabela 4.2 Atribuição de números a diferentes falhas

Para deteção de falhas e Classificação	
Tipo de falha Caso	Número Atribuído
Caso de ausência de culpa	0
AG	1
BG	2
CG	3
ABG	4
BCG	5
CAG	6
AB	7
BC	8
CA	9
ABC	10

A Tabela 4.3 apresenta a entrada de treino e o padrão do conjunto de dados de destino (classe) utilizados para treinar a DT. Durante o treino, a DT efectua o mapeamento de entrada-saída necessário, verificando determinados critérios óptimos, como os critérios de divisão de nós, os métodos de poda e a validação cruzada da árvore. Durante o processo de treino, a precisão das árvores de decisão obtidas para a deteção/classificação de falhas é de 99,74%.

Tabela 4.3 Padrões de dados de treino para DTs

Padrão do conjunto de dados de treino para deteção e classificação de falhas

Medições (xi)	Atributos/caraterísticas de entrada									Objetivo/Saída/Cmoça
	Tensão			Correntes da linha 1			Linha Correntes 2			Deteção de falhas & Classificação (Tipo de falha)
	Va	Vb	Vc	Ial	Ibi	Icl	Ia2	Ib2	Ic2	
X1	…	…	…	…	…	…	…	…	…	0/1/2/3/4/5/6/7/8/9/10
X2	…	…	…	…	…	…	…	…	…	0/1/2/3/4/5/6/7/8/9/10
Xi	…	…	…	…	…	…	…	…	…	0/1/2/3/4/5/6/7/8/9/10

4.5 Resultados para o relé baseado na árvore de decisão (DT) para linhas de transmissão trifásicas de circuito duplo com STATCOM

Para avaliar o desempenho do detetor/classificador de defeitos baseado na DT proposto para vários tipos de defeitos com diferentes localizações de defeito, resistência de defeito e ângulo de início de defeito, são apresentados na Tabela 4.4 alguns resultados de testes considerando defeitos fase-terra e defeitos fase-fase.

Tabela 4.4 Resultados dos testes do esquema proposto de proteção baseado na DT para parâmetros de defeito variáveis

Resistência a falhas (Rf) Ω	Atual (La)	Ângulo de incepção da falha (Φi)	Tipo de falha - secção (real)	Saída de DT para FD/C
5	30	0°	AG-1	1
5	117	0°	BCG-1	5
5	160	0°	CA-2	9
5	290	0°	ABC-2	10

5	34	0°	ABG-3	4
5	150	0°	ABC-3	10
5	251	0°	CG-3	3
0	45	0°	BG-1	2
40	137	0°	ABG-1	4
60	162	0°	BC-2	8
70	273	0°	CG-2	3
80	109	0°	BCG-3	5
95	281	0°	AG-3	1
15	152	0°	ABC-3	10
90	32	0°	CG-1	3
50	75	30°	AB-1	7
10	81	45°	ABC-1	10
75	263	90°	BCG-2	5
95	249	120°	AG-2	1
65	179	150°	CA-2	9
10	51	180°	BG-3	2
80	263	225°	ABG-3	4
30	115	270°	BC-3	8
15	285	300°	ABC-3	10
15	93	300°	ABC-3	10

Os parâmetros de defeito considerados são as resistências de defeito (0 Ω a 100 Ω), os ângulos de incepção de defeito (0° a 360°) e as distâncias de defeito (10 km a 290 km) a partir do barramento B1 em ambas as linhas L1 e L2. Os resultados dos ensaios são apresentados na Tabela 4.4 para mostrar o desempenho tolerante da técnica de proteção proposta a parâmetros de defeito variáveis. Além disso, o desempenho do esquema proposto é também avaliado em termos do tempo de funcionamento do relé. Em todos os casos, o esquema de proteção proposto é capaz de detetar/classificar com precisão os diferentes defeitos de derivação dentro de um ciclo de tempo.

CAPÍTULO 5

CONCLUSÃO E ÂMBITO FUTURO

5.1 Conclusão

O presente trabalho propõe um algoritmo de proteção baseado na extração de dados para a deteção/classificação, identificação de secções e localização de distâncias para todos os tipos de defeitos de derivação (combinações de defeitos fase(s) para a terra e fase(s) para fase) numa linha de transmissão trifásica com STATCOM. São utilizadas diferentes técnicas de extração de caraterísticas, como a transformada discreta de Fourier, a transformada discreta de wavelet e a transformada S, para extrair as caraterísticas adequadas que possam representar o estado atual da linha. Utilizando a transformada discreta de Fourier, obtém-se a componente fundamental dos sinais de corrente trifásicos, que são depois processados para um detetor e classificador de avarias baseado na lógica difusa. A técnica de extração de caraterísticas DST é utilizada para extrair as caraterísticas dos sinais de tensão e corrente no domínio do tempo. Em seguida, foram desenvolvidos um detetor/classificador de defeitos, um identificador e um localizador de secções baseados em redes neuronais artificiais para uma linha de transmissão trifásica de circuito duplo com o STATCOM ligado no ponto médio de uma das linhas. Foi estimado o desvio-padrão dos coeficientes aproximados dos sinais trifásicos de tensão e corrente de ambas as linhas (linha de circuito duplo). O esquema de proteção baseado na DT proposto é desenvolvido para a deteção e classificação de todos os tipos de defeitos de derivação, utilizando as caraterísticas obtidas a partir da DWT (db4). O desempenho do esquema de proteção proposto é avaliado através da simulação de um grande número de casos de defeito em ambiente MATLAB. Os efeitos das variações do tipo de defeito, do ângulo de incepção do defeito, da resistência do defeito e da localização do defeito foram amplamente investigados no desempenho do esquema de proteção. Os resultados da simulação obtidos são muito encorajadores e confirmam a fiabilidade e a adequação da técnica proposta em diferentes situações de defeito. Os resultados dos ensaios obtidos são muito encorajadores e confirmam a adequação da técnica de proteção proposta em diferentes situações de defeito. Além disso, os resultados da simulação mostram que o esquema proposto detecta/identifica corretamente a fase em falta e o tipo de falta correspondente no espaço de um ciclo a partir do início da falta, no caso de faltas shunt.

Além disso, a partir dos resultados dos testes, verifica-se que o erro percentual na localização estimada da avaria se situa entre ±1%.

Em suma, os três esquemas de proteção propostos - lógica difusa, RNA e esquemas de proteção baseados em DT - utilizam apenas dados de tensão e de corrente de uma extremidade (extremidade de envio do barramento B1) e detectam/classificam todos os tipos de defeitos de derivação num ciclo de tempo. Além disso, os três sistemas de proteção propostos são imunes às variações dos parâmetros de defeito. Embora individualmente todos os três esquemas de proteção propostos tenham um desempenho preciso na deteção e classificação de defeitos de derivação, o esquema de proteção proposto baseado na DT possui as vantagens de um menor custo computacional da árvore de decisão, o que o torna adequado para aplicações de retransmissão em tempo real.

5.2 Âmbito futuro

Com os recentes desenvolvimentos no domínio das técnicas de extração de dados, vários investigadores propuseram um grande número de algoritmos de aprendizagem automática supervisionada. No entanto, a técnica de extração de caraterísticas implementada também desempenha um papel importante nas tarefas de proteção. O âmbito futuro do trabalho proposto pode ser a utilização de diferentes algoritmos de árvores de decisão, como C4.5, florestas aleatórias, árvores de decisão difusas, etc., para implementar o detetor e o classificador de defeitos de derivação, o identificador de secções defeituosas e o estimador de localização para linhas de transmissão trifásicas de circuito duplo com STATCOM e outros dispositivos FACTS.

PUBLICAÇÃO

1.   Gotte Vikram Raju e Ebha Koley, "Fuzzy logic based fault detetor and classifier for three phase transmission lines with STATCOM," 2016 International Conference on Electrical Power and Energy Systems (ICEPES), Bhopal, India, Dec.   14 -16[thth]   ,2016, pp. 469-474.

doi:10.1109/ICEPES.2016.7915976 .

REFERÊNCIAS

[1] Turan Gonen, "Electrical Power Transmission System Engineering Analysis and Design", segunda edição, CRC Press, 2009.

[2] Y.G Paithankar e S.R.Bhide, "Fundamentals of power system protection", PHI Learning Pvt. Ltd., 2nd ed., 2010.

[3] Narain G. Hingorani e Laszlo Gyugyi, "Understanding FACTS: concepts and technology of flexible AC transmission systems", Wiley- IEEE press, Dez. 1999.

[4] R.K. Varma e R.M. Mathur, "Thysristor-based FACTS controller for electrical transmission systems", Willey/IEEE Press, Feb.2002.

[5] D. Hemasundar, M. Thakre e V. S. Kale, "Impact of STATCOM on distance relay - Modeling and simulation using PSCAD/EMTDC", 2014 IEEE Students' Conference on Electrical, Electronics and Computer Science (SCEECS), Bhopal, March 1st - 2nd ,2014, pp. 1-6.

[6] A.H Mohammadzadeh Niaki e I. Dabaghian Amiri, "O impacto dos dispositivos shuntFACTS no desempenho do relé de distância",   20152nd International

Conferência sobre Engenharia e Inovação Baseadas no Conhecimento (KBEI), Universidade de Ciência e Tecnologia do Irão, Teerão, Irão, 5-6 de novembro de 2015.

[7] F. A. Albasri, T. S. Sidhu e R. K. Varma, "Impact of shunt-FACTS on distance protection of transmission lines", 2006 Power Systems Advanced Metering, Protection, Control, Communication, and Distributed Resources, Clemson, SC, 2006, pp. 249-256.

[8] A. Albchadili e I. Abdul-Qader, "Analysis of distance relay performance on shunt FACTS-compensated transmission lines," 2015 IEEE International Conference on Electro/Information Technology (EIT), Dekalb, IL, May 21st -23rd ,2015, pp.188-193.

[9] T. S. Sidhu, R. K. Varma, P. K. Gangadharan, F. A. Albasri e G. R. Ortiz, "Performance of distance relays on shunt-FACTS compensated transmission lines," in IEEE Transactions on Power Delivery, vol. 20, no. 3, pp. 1837-1845, julho de 2005.

[10] F. A. Albasri, T. S. Sidhu e R. K. Varma, "Performance comparison of distance protection schemes for shunt-FACTS compensated transmission lines," in IEEE Transactions on Power Delivery, vol. 22, no. 4, pp. 2116-2125, Out. 2007.

[11] S. Jamali, A. Kazemi e H. Shateri, "Effect of STATCOM on measured impedance by distance relay in double-circuit lines," 2008 IET 9th International Conference on Developments in Power System Protection (DPSP 2008), Glasgow, 2008, pp. 540-545.

[12] Arvind R. Singh, Nita R. Patne e Vijay S. Kale, "Adaptive distance protection setting in presence of mid-point STATCOM using synchronized measurement", International Journal of Electrical Power & Energy Systems, vol. 67, pp. 252260, maio de 2015.

[13] B. Das e J. V. Reddy, "Fuzzy-logic-based fault classification scheme for digital distance protection," in IEEE Transactions on Power Delivery, vol.20, no.2, pp.609-616, abril de 2005.

[14] J. U. Bhaskar, S. A. Gafoor e J. Amarnath, "Wavelet fuzzy based fault location estimation in a three terminal transmission system," 2015 International Conference on Advanced Computing and Communication Systems, Coimbatore, Jan 5th - 7th , 2015, pp.1-6.

[15] O. A. S. Youssef, "Combined fuzzy-logic wavelet-based fault classification technique for power system relaying," in IEEE Transactions on Power Delivery, vol. 19, no. 2, pp. 582-589,April 2004.

[16] W. W. L. Keerthipala, Huisheng Wang e Chan Tat Wai, "On-line testing of a fuzzy-neuro based protective relay using a real-time digital simulator," IEEE Power Engineering Society Winter Meeting, vol.3. pp. 1917-1922, Jan 23th -27th , 2000.

[17] Anamika Yadav and Aleena Swetapadma, "Enhancing the performance of transmission line diretional relaying, fault classification and fault location schemes using fuzzy inference systems", in IET Generation, Transmission and Distribution, vol. 9, no. 6, pp. 580-591, 2015.

[18] Ebha Koley, Rauna Kumar e Subhojit Ghosh, "Detetor de falhas baseado em microcontrolador de baixo custo, classificador, identificador de zona e localizador para linhas de transmissão usando transformada wavelet e rede neural artificial: A hardware co-simulation approach", International Journal of Electrical Power and Energy Systems, vol.81, pp. 346-360, Oct.2016.

[19] Aleena Swetapadma e Anamika Yadav, "Time domain complete protection scheme for parallel transmission lines", em Ain Shams Engineering Journal, vol. 7, no.1, pp. 169-183, março de 2016.

[20] Anamika Yadav e Aleena Swetapadma, "A single ended diretional fault section identifier and fault location for double circuit transmission lines using combined wavelet and ANN approach", in International Journal of Electrical Power and Energy Systems, vol.69, pp. 27-33, 2015.

[21] R.N Mahanty e P.B Datta Gupta, "Application of RBF neural network to fault classification and location in transmission lines", em IEE Proceedings-Generation, Transmission and Distribution, vol. 151, no. 2, março de 2004.

[22] Anamika Jain, A. S. Thoke, Ebha Koley e R. N. Patel, "Fault classification and fault distance location of double circuit transmission lines for phase to phase faults using only one terminal data," 2009 International Conference on Power Systems, Kharagpur, 2009, pp. 1-6.

[23] Ebha Koley, Khushaboo Verma e Subhojit Ghosh, "Um esquema modular de proteção não

unitária baseado em neuro-ondas para identificação de zonas e localização de defeitos em linhas de transmissão de seis fases",

[24] Ebha Koley, Anamika Yadav e Aniruddha Santosh Thoke, "A new singleended artificial neural network-based protection scheme for shunt faults in six- phase transmission line", International Transactions On Electrical Energy Systems 2014.

[25] Arash Jamehbozorg e S. Mohammad Shahrtash, "A decision-tree-based method for fault classification in single-circuit transmission lines", em IEEE Transactions on Power Delivery, vol. 25, no. 4, pp. 2190-2196, Out. 2010.

[26] Arash Jamehbozorg e S. Mohammad Shahrtash, "A decision tree-based method for fault classification in double-circuit transmission lines," in IEEE Transactions on Power Delivery, vol. 25, no. 4, pp. 2184-2189, Out. 2010.

[27] S.R. Samantaray, "Decision tree-based fault zone identification and fault classification in flexible AC transmissions-based transmission line", em IET Generation, Transmission and Distribution, vol. 3, n.º 5, pp. 425-436, 2009.

[28] S. R. Samantaray, "A data-mining model for protection of FACTS-based transmission line", em IEEE Transactions on Power Delivery, vol. 28, no. 2, pp. 612-618, abril de 2013.

[29] Manas Kumar Jena e Subhransu Ranjan Samantaray, "Data-mining-based intelligent differential relaying for transmission lines including UPFC and wind farms", em IEEE Transactions on Neural Networks and Learning Systems, vol. 27, n.º 1, pp. 8-17, Jan. 2016.

[30] Erik Casagrande, Wei Lee Woon, Hatem Hussein Zeineldin e Nadim H. Kan'an, "Data mining approach to fault detection for isolated inverter-based microgrids", cm IET Generation, Transmission & Distribution, vol. 7, no. 7, pp. 745-754, julho de 2013.

[31] Aleena Swetapadma e Anamika Yadav, "A novel decision tree regressionbased fault distance estimation scheme for transmission lines", in IEEE Transactions on Power Delivery, vol. 32, no. 1, pp. 234-245, Feb. 2017.

[32] Pradipta Kishore Dash, Sahasransu Das e Joymala Moirangthem, "Distance protection of shunt compensated transmission line using a sparse S-transform", em IET Generation, Transmission & Distribution, vol. 9, n.º 12, pp. 1264-1274, 2015.

[33] P. K. Dash, O. Dharmapandit, S. K. Swain e P. K. Nayak, "A fast discrete time-frequency filtering based current differential protection for shunt compensated wide area power system networks", 2015 IEEE Power, Communication and Information Technology Conference (PCITC), Bhubaneswar, 2015, pp. 417-423.

[34] P.K. Dash, Joymala Moirangthem e Sahasranshu Das, "A new time-frequency approach for distance protection in parallel transmission lines operating with STATCOM", International Journal of Electrical Power & Energy Systems, vol.61, pp. 606-619, outubro de 2014.

[35] Krishnanand K. R. e P. K. Dash, "A new real-time fast discrete S-transform for cross-differential protection of shunt-compensated power systems", em IEEE Transactions on Power Delivery, vol. 28, no. 1, pp. 402-410, Jan. 2013.

[36] M. Ghazizadeh-Ahsaee e J. Sadeh, "Accurate fault location algorithm for transmission lines in the presence of shunt-connected flexible AC transmission system devices", em IET Generation Transmission and Distribution, vol. 6, no. 3, pp. 247-255, 2012.

[37] M. Misiti, Y. Misiti, G. Oppenheim e J. Poggi, "Wavelet toolbox for use with MATLAB: User's guide the Math works", Natick, NA (2000).

[38] A. A. Hajjar, M. M. Mansour, H. E. A. Talaat e S. O. Faried, "Proteção à distância para linhas de transmissão de seis fases com base em transientes de alta frequência induzidos por defeito e wavelets", IEEE CCECE2002. Conferência Canadiana de Engenharia Eletrotécnica e de Computadores. Actas da Conferência (Cat. No.02CH37373), 2002, pp. 7-11 vol.1.

[39] Milad Gil; Ali Akbar Abdoos, "Esquema de proteção inteligente do barramento baseado na combinação de máquina de vectores de apoio e transformação S" IET Generation ,Trans. & Distribution, 2017, vol.11, , pp. 2056 - 2064.

[40] S. Mishra, C. N. Bhende e B. K. Panigrahi, "Detection and classification of power quality disturbances using s-transform and probabilistic neural network", em IEEE Transactions on Power Delivery, vol. 23, n.º 1, pp. 280-287, Jan. 2008.

[41] R. G. Stockwell, L. Mansinha e R. P. Lowe, "Localization of the complex spectrum: the S transform", em IEEE Transactions on Signal Processing, vol. 44, no. 4, pp. 998-1001, Abr 1996.

[42] M. V. Chilukuri e P. K. Dash, "Multiresolution S-transform-based fuzzy recognition system for power quality events", em IEEE Transactions on Power Delivery, vol. 19, n.º 1, pp. 323-330, Jan. 2004.

[43] M. V. Sham, K. S. Chethan e K. P. Vittal, "Development of adaptive distance relay for STATCOM connected transmission line," Innovative Smart Grid Technologies - India (ISGT India), 2011 IEEE PES, Kollam, Kerala, Dec. 1st - 3rd , 2011, pp. 248-253.

[44] Bhim Singh e Venkata Srinivas Kadagala, "A new configuration of two-level 48-pulse VSCs based STATCOM for voltage regulation", Electric Power Systems Research, vol. 82, no.1, pp.11-17, janeiro de 2012.

[45] M. P. Bahrman, J. G. Johansson e B. A. Nilsson, "Voltage source converter transmission technologies: the right fit for the application", 2003 IEEE Power Engineering Society General Meeting, vol.3, pp. 1847, July 13th - 17th , 2003.

[46] Toshihisa Funabashi, Satoko Akiyama, Laurent Dube e Akihiro Ametani, "Digital fault location for high resistance grounded transmission lines", *IEEE Transactions on Power Delivery*, vol. 14, n.º 1, pp. 80-85, 1999.

[47] Hindayati Mustafidah , Sri Hartati, Retantyo Wardoyo e Agus Harjoko, "Seleção do algoritmo de treino de retropropagação mais adequado no reconhecimento de padrões de dados", International Journal of Computer Trends and Technology (IJCTT), vol. 14,no. 2, pp.92-95, agosto de 2014.

[48] F.B. Costa, B.A. Souza, N.S.D. Brito, "Effects of the fault inception angle in fault induced transients", *IET Generation Transmission and Distribution*, vol. 6, pp.463-71, 2012.

Printed by Books on Demand GmbH, Norderstedt / Germany